U0273707

WITHIN WALKING DISTANCE
Creating Livable Communities for All

步行可及

创造大众的宜居社区

Philip Langdon

〔美〕菲利普·兰登 著

黄怡 译

文汇出版社

图书在版编目（CIP）数据

步行可及：创造大众的宜居社区 /（美）菲利普·
兰登著；黄怡译 . -- 上海：文汇出版社，2022.2
　ISBN 978-7-5496-3362-3

　Ⅰ . ①步… Ⅱ . ①菲… ②黄… Ⅲ . ①社区－城市规
划－研究 Ⅳ . ① TU984.12

中国版本图书馆 CIP 数据核字 (2021) 第188279号

版权登记图字09-2021-0942

步行可及

创造大众的宜居社区

作　　　者 /（美）菲利普·兰登
译　　　者 / 黄怡
策　　　划 / 张斌
责任编辑 / 张斌　苏菲
装帧设计 / 大卫

出 版 人 / 周伯军

出版发行 / 文匯出版社
　　　　　　上海市威海路755号　邮政编码：200041
印刷装订 / 启东市人民印刷有限公司
版　　　次 / 2022年2月第1版
印　　　次 / 2022年2月第1次印刷
开　　　本 / 720×1000 1/16
字　　　数 / 220千
印　　　张 / 19.25

ISBN 978-7-5496-3362-3
定　　　价 / 58.00元

目 录

导读

处在城市更新与治理的交叉口：
我们可以从步行社区中学到什么？

    人之为人，行走是其基础；社区之为社区，守望是其本源；城镇之为城镇，聚集是其实质。有这样一种说法，住得更近意味着生活得更好（Living closer means living better），这倒并不是浪漫的怀旧情怀，而是理性的日常选择。试问这个星球上，哪个国家的居民依靠车轮胜过徒步？估计答案会比较集中——美国。但这也愈发成为一个僵化印象，而非现实全部。

    如果想了解当今美国城市邻里社区的日常生活，《步行可及》无疑是一个合适的选择，该书的作者菲利普·兰登是一名自由撰稿人。相对于他的另一本书《更美好的生活之地：重塑美国郊区》（*A Better Place to Live: Reshaping the American Suburb*），本书的焦点从郊区转向中心城区、城镇的邻里社区，展示了那些步行社区的生活场景塑造和日常生活世界的面貌建构。不可否认，简·雅各布斯的影响潜藏在书中，只不过兰登并未采取雅各布斯式的批判立场，而是以温和、智慧的讲述，引导我们穿越那些成功创造步行活力的案例，展示他在步行社区方面的所学所思。在"环境和城市生活基金"资助下，他得以游走于美国多个州地，扎根考察一些美国城市城镇邻里，深入探究它们的物质特征、人性世态、社会历史及运行状况，访谈当事人物，并提炼汇聚为本书。

书的题目言简意赅，它告诉我们，步行可及是创造大众宜居社区的关键窍门。书中遴选了六个案例，讲述宜居社区可以是怎样的状态，它们又是怎样创造形成的。这些案例在空间地理上分布较广，美国大陆东北部三个，康涅狄格州、佛蒙特州（新英格兰地区）以及宾夕法尼亚州（中大西洋地区）；西部地区一个，俄勒冈州（西北太平洋地区）；中西部地区一个，伊利诺伊州；南部地区一个，密西西比州（东南地区）。案例的地域分布也从一个侧面说明，东北部地区的步行社区更多、更常见些。

这些案例在形态、性质、层级上各有千秋。费城中心城区，位于有历史感的大城市；芝加哥的"小村庄"，是有帮派争斗的种族社区；纽黑文的东岩邻里，靠近耶鲁大学；斯塔克维尔的棉花区，则靠近密西西比大学；布拉特尔伯勒，某种意义上是一座特色小城镇；波特兰的珍珠区，属于美国城市规划明星的工业区更新。这些邻里社区规模差别很大，历史背景迥异，社会经济条件不等，体现出步行社区的差异性、丰富性和多元性。另一方面，它们又具有某些共同而重要的特征，即空间密集紧凑、土地用途和活动混合，步行网络便捷。

步行社区为何重要？这个问题也将间接回答《步行可及》一书为何重要，下述三个潜在的关系维度，有助于更好地揭示本书对步行社区的关注与强调。

维度之一，步行社区与经济效应。2007 年美国住房市场低迷、2008 年经济危机之后，城市开发几乎停滞不前，此时美国人最感兴趣的步行社区并不是郊区的传统邻里地产，而是老的城市邻里、市中心、以前的工业区，以及紧凑的城郊。由于大多数美国人的收入长期没有增长，正如费城市民觉得"不再富裕""这就是未来"，越来越多的人选择步行而不是开车。不光年轻人蜂拥至城市邻里，相当多的婴儿潮一代和退休人员也是如此。城市步行社区的兴起或者说回归，与其说是一种自觉的生态主张，毋宁说是经济影响的结果，是市民理性权衡的产物。

反过来，步行社区的形成，又在客观上促进了地区经济的活力。无论是费城中心城区、波特兰珍珠区，还是布拉特尔伯勒小镇，邻里社区中步行可以到达的咖啡屋、酒吧、商店、音乐场馆和其他的便利设施，带动了整个地区的复兴。芝加哥"小村庄"移民邻里以二十六街为代表的墨西哥特色商业，与墨西哥裔居民的各色街头贩卖，共同构成了富有活力的社区经济。适合步行的社区，已成为增加地区吸引力和竞争力的一种手段。

更隐微的，一个成功的步行社区，是在其人际关联和商业利益两者的动态变化中取得了某种平衡，亦即居民步行活动增加，经济活力增长，但又不至于将充满生机的社区吸引点变为喧闹的地区 / 区域中心，所谓过犹不及。此外，一个有能力的社区，会在重视当地制造、当地销售与价格更便宜的外来商品、进口商品之间取得某种平衡，更看重并优先支持当地的商品和服务。

维度之二，步行社区与社会效应。虽然心理学中的环境决定论（environmental determination）、城市规划与建筑学中的物质形态决定主义（physical determinism）因太过绝对或自负，往往遭社会学者的诟病，例如"新城市主义"的思想方式就被视作典型的物质形态决定主义谬误，但是社会问题在相当程度上的确会由糟糕的城市形态造成或加剧，并且这种作用也具有可逆性，像气候变化、社会公正、肥胖、隔离等相关社会问题可以通过吸取土地使用方面的经验教训而减少，而步行社区以及其他恰当的生活方式选择就能产生广泛而深刻的影响。

功能良好、适合步行的社区，激励人们为公共利益而行动，并赋予他们特殊的力量。适合步行的社区是对邻里生活空间与社会的细密安排，在这里，步行成为日常生活中一个核心的、社交性的要素，将人与人联系起来，丰富人们的社区生活体验，也引发居民对于个体与社区的密切关系的思考，对于生活目标和意义之类的思考，这些目标和意义并不一定使生活变得更容易，但一定使得生活的内涵更丰富、更深刻。费城西南中心城区，一个被视作"绅士化"的地区，新迁入的居民家庭通过自主的、不懈的个人参与，推动一个被城市管理忽视的地区转变为一个安全、适合步行的邻里，这正是步行社区社会效应的重要体现。

在促进种族社区融合、解决中低收入就业、包容差异等社会功能上，步行社区同样具有持久和积极的推动效果。芝加哥的移民邻里"小村庄"，地区的帮派争斗已有历史，为了与帮派成员争夺街区空间，社区团体鼓励居民们"要走出去"，以温和的方式驱赶帮派，用图画取代帮派涂鸦，成立青少年足球组织，通过体育运动引导邻里的男孩走上正途，而不是被帮派拽入歧途。而布拉特尔伯勒小镇居民接纳差异、相互支持的社区氛围，与其迷人的空间营造一样，持续吸引着过往的外来者。

维度之三，步行社区与政治效应。步行社区的形成，毋庸置疑，地方政府在政策、决策与实施方面发挥了至关重要的作用。在波特兰珍珠区的再开发中，表现为政府部门的积极有为，波特兰多年来推动市中心宜步行方面的实践尝试；在斯塔克维尔的棉花区，表现为政府的"无为"，由于极少严格的监管，住房市场中的私人开发得以生存并形成气候；在费城中心城区的复兴中，则展示了城市某种"无为而治"的天资，费城中心城区布局紧凑和功能用途混合的特征从未因城市更新而遭受毁灭性破坏。

成功的步行社区也会产生政治回馈效应。从政治视角来看，适于步行的城镇更容易治理，因为市民相互之间经常进行面对面的交流，社区需要人人都参与进来，而参与取决于频繁的人际接触和对话。创造步行社区的人、理解步行社区的人更能获得政治上的成功，虽然那些致力于创造步行社区的人，出发点不是或至少不全是政治，而只是想要一个更好的生活环境。密西西比州斯塔克维尔市的丹·坎普，积数十年之功，花费大部分的时间和精力，耐心地营建棉花区，因其突出的成就被斯塔克维尔市的市民们选为市长，他也得以在城市建设、公共教育领域为人们带来更多的改变。

步行社区与政治效应之间可以形成积极的良性循环。一般来说，政府鼓励以社区为基础的活动，可以让市民在政府事务中拥有更大的发言权，从而使许多城镇受益。市民要想在事务参与中有效率，"公民技能"就是必需的。在波特兰，政府举办了系列培训班，来培养"公民技能"，提高市民辩论水平，促进公众参与。所有的案例均表明，步行社区的创造营建，是邻里协会、地方商人团体、志愿者组织以及具有公民意识的个人的共同缔造。在这些美好未来的缔造者中，最重要的是具有公民意识的个人，他们可能是设计师、艺术家、企业家、住房所有者和租房者，等等。

概言之，步行社区在一定程度上决定了城市、城镇的社会、政治和经济格局走向。当然除了上述三方面的效应，步行社区还带来生态效应和健康效应，兰登在这本书中提及，随着气候变化、肥胖以及缺乏体力活动等问题越来越受到关注，步行社区这样健康、低污染的生活方式的优势正逐年凸显。

我们从《步行可及》一书中可以学到什么？这个问题将直接回答《步行可及》一书为何重要，不妨从实践意义、社会学意义、传播意义三方面稍作解读。

《步行可及》堪称宜居社区的营造指南。书中提供了详实经典的步行社区营造示范，不但探讨邻里的街道与聚集场所、设计特点等内容，而且针对每个案例，详细探寻当地的历史文化和根深蒂固的风俗与态度，解释邻里组织和城市政府的运行方式，阐述当地的建设方式和项目融资方式。丰富多样的步行社区案例，某种程度上恰是目前国内许多城市正在推广的 15 分钟生活圈、10 分钟生活圈及 5 分钟生活圈的摹本，书中只是提及，却不停留于抽象的概念卖弄、枯燥的学术讲解，而是将描述与揭示相结合，具体展示步行可达、样貌各异的邻里社区。这些案例也表明，社区生活圈并不都是、甚至说很大程度上并非按部就班的规划结果，而是地方政府、企业、开发商、建造商、设计师、专业力量、社区组织和居民们共同协作的成就。城市更新、城市复兴以核心的邻里社区为起点，是渐进的、有机的发展，积极的公民责任感、自主性的动议、切实的社区改善行动策略和实践，是步行社区形成与成功的关键。

《步行可及》又是非常规的城市社会学读本。《步行可及》呈示了当今美国城市、城镇社区日常生活样态的一个横断面，也追溯了部分社区的空间与社会历史变迁，从中可以一窥未来城市更新与治理的动态趋向。社区是专属于个体与家庭的场所，是多数人念兹在兹的地方，是居民望向世界的坐标系原点，芝加哥"小村庄"里种族移民的挣扎与生存策略，纽黑文东岩邻里中社区普通居民与耶鲁精英之间微妙的社会张力，特色小城镇布拉特尔伯勒的资源背景与市民心态相辅相成的塑造，波特兰珍珠区中地方政府领导与主要开发商之间的博弈与协作，无不令人印象深刻、心有触动。如果读者熟知美国相关城市地区的空间人文地理，则可读出本书的"厚度"，并激发关联性的思绪；即便原先所知不多，在作者生动翔实的案例描述与解析中，也可以感受书本充盈的感性经验气息，体察步行社区中生存的氛围，并整体领略美国城镇社区的社会人情。如作者所期望的，本书探索最多的还是人的因素，例如人们在社区选择中所隐含的对地方文化的理解和对自我的认同，个体嵌入社区的能动性，居民在步行社区体验中获得的满足感，在步行社区营造中的诉求与心态，以及超越了个人利益至上主义的公共利益追求，等等。

《步行可及》恰如专业学术与大众普及之间的通道。兰登虽非城市规划与城市设计专业出身，却长期关注城市的人性尺度、混合用途社区等问题，从事与城市研究相关的写作或编辑，他从广泛的规划思想和理论来源中汲取养分，却又能跳出专业人士的学术成果边界和学术写作戒律，以自己的调查研究为支撑，具备了向大众传播普及专业理念的独特优势。一些富有生命力的规划理论与设计思想散布在全书之中，有专业背景的读者或会意，或惊讶，原来那些熟知或新鲜的理论可以如此鲜活简明地叙述，例如有机更新、步行指数、精明法规（SmartCode）、新城市主义、精简城市主义（Lean urbanism）、策略城市主义（Tactical urbanism）等等；普通读者则在引人入胜的阅读中接触到"公民技能"要求，捕捉到形形色色的人们营建步行社区的思想和想象力，学到一些改善社区的方法，并认同作者的主旨，即以步行尺度组织起来的地方是最健康、最值得生活和工作的地方，步行社区导向的正是宜居社区，循序渐进的努力将可造就一个有希望的未来。

　　处在当前我国城市更新与治理的交叉口，这本书对于我们国内读者具有多方面的、格外真切的借鉴意义，涉及城市规划、城市设计、社区治理、社区营造、社区参与、更新政策制定等等。虽然国情不同，他山之石未必可以攻玉，但是倘若有专业的知识背景，通过此书你能深化理解美国城市社区的相关政策与做法；如果有初步的行动经验，通过此书你能更理性地梳理提升对步行社区、宜居社区的认知认同。总之，无论对于城市研究者、城市规划师，还是城市管理者、社区工作者，以及对美国城市、对社区发展感兴趣的普通读者，这都是一本富有启发的读本。

　　本书的翻译最初是应张斌女士之约，彼时她有意做些城市研究方面的选题，于是推荐了本书；而我主持的城镇化城市人研究室正拟引介最新的社区研究文献，于是我们一拍即合。翻译本书主要基于两点考量：一则本书是对国内城市与社区多样性学术研究的丰富和贡献；二则本书具有面向大众广泛传播的价值基础与影响潜力，为政策制定者可提供参考，为社区行动者可提供指引，为城市居民可提供生活方式的观照。我的几位博士和硕士研究生参加了本书的初译工作，他们是李思漫、鲍家旺、梁颖烨、查逸伦、张玥晗、唐劼。在此谨对本书出版过程中的所有参与者和支持者致以深深的谢意。

本书完成审校之时，正值 COVID-19 疫情在全球其他国家肆虐之际，美国疫情尤其严重，虽然没有确切的数据报道，但或许可以相信，本书中涉及的邻里社区，如果不是显著低于美国整体的健康危机状况，也应当不会高于平均严重程度。毕竟，一个组织良好、出入相友、守望相助的社区，在公共卫生危机来袭之际，正是对抗疫情的有效阵地。

黄怡

2020 年 5 月 5 日，庚子年立夏

谢 辞

适合步行的地方一直都是我的酷爱。1988年3月，我为《大西洋月刊》（*Atlantic Monthly*）撰写了一则封面故事，"宜居之地"，关于开始在美国建设崭新邻里的人们，这些邻里使得步行成为日常生活中一个核心的、社交性的要素。自那以后的岁月里，包括在编辑兼出版商罗伯特·斯图特维尔的获奖简报《新城市新闻 / 更好的城市与城镇》（*New Urban News/Better Cities & Towns*）服务时与他相处愉快的十年，我已经写作或编辑了数百篇关于人性尺度、混合用途社区的文章，或新作，或旧文，发表范围甚广。

有相当长的一段时期，我想提炼在关于适合步行的社区方面我的所学所思，并更深地扎入几个这样的地方，探究它们的物质特征和它们人性的方面。我极其感谢理查德·奥拉姆，通过他的基金会，"环境和城市生活基金"机构，他为我的研究和写作提供了至关重要的财务支持。

希瑟·博耶，岛屿出版社的一位敏锐的编辑，给我时而滞缓和曲折的进程带来一个亟须的焦点和领域。我感到欢欣鼓舞，因为迪鲁·A. 沙达尼，哥伦比亚特区华盛顿的一位建筑师，拥有插图天赋，愿意制作本书中大多数的地图和草图。当迪鲁被其他项目召唤离开时，纽黑文的建筑师本·诺思拉普步入这项工作，他怀揣熟练的技能，绘制了"小村庄"的地图，并对其他地图做了最后的完善。伊丽莎白·法丽，岛屿出版社的编辑助理，在搜集和组织照片的过程中证明了她的作用不可估量。

我衷心感谢许多人，他们向我展示了他们的社区，让我了解当地的历史和当地的建设方式，解释邻里组织和城市政府的运行方式，并把我介绍给居民。费城中心城区的保罗·列维和琳达·哈里斯带领我进入他们城市的复兴的核心邻里以及帮助那些邻里做出不凡之举的社区团体。尤其要感谢西南中心城邻里的安德鲁·达尔泽尔和艾比·朗博；北方自由邻里的珍妮特·芬格尔和马特·鲁本；东帕塞克邻里的戴维·戈德法布 、康迪丝·格洛普、丹·波利格、丹·里纳迪、山姆·谢尔曼以及埃德·赞佐拉和帕姆·赞佐拉；还有费什镇邻里的彼得·哈万、A.乔丹·鲁西以及艾萨克·F.斯莱普纳。凯文·吉伦、詹妮弗·赫利、爱丽丝·瑞安、桑迪·索林、默里·斯宾塞、詹姆士·温特林，以及《费城探察者》的机敏的建筑评论员茵嘉·萨弗容，提供给我去费城的方方面面的信息，否则的话我可能就有疏漏了。

在纽黑文，马克·亚伯拉罕、威尔·贝克、卡瓦·陈、皮诺·西科恩、路易丝·迪卡隆、安斯特瑞斯·法威尔、马修·费纳、巴巴拉·福尔松、罗伯特·弗鲁、伊娃·格尔茨、克里斯·乔治、塞思·戈弗雷、比尔·卡普兰、乔·拉钦斯、乔·普雷欧、黛博拉·罗西、朱塞佩和罗莎娜·萨比诺、丽莎·西德拉兹、罗密欧·西蒙涅、凯文·沙利文、梅拉尼·泰勒以及克劳迪娅·威尔戈列基都扩展了我对东岩邻里的了解。弗兰克·潘能博格、帕特里克·平内尔以及克雷·威廉姆斯在我对纽黑文的认知上也有帮助。

佛蒙特州布拉特尔伯勒的唐纳·西蒙斯和罗伯特·史蒂文斯与新罕布什尔州基恩的丹尼尔·斯卡利，帮助我在布拉特尔伯勒建立了联系，并获得对这座城镇的全面了解。在布拉特尔伯勒和邻近地区，我从帕尔·波洛夫斯基、马修·布劳、皮埃尔·卡皮、韦斯·卡廷、彼得·埃尔韦尔、亚历克斯·吉奥利、帕克·休伯、迪伦·麦金农、乔尔·蒙塔尼诺、奥利·蒙钦、保罗·帕特南、康妮·斯诺、珍妮·沃尔什、艾伦森·温特、鲍勃·伍德沃思、格雷·戈沃登以及本杰明·泽曼等人处学到许多。

在芝加哥，我在《规划杂志》（*Planning Magazine*）多年来所发表文章的编辑鲁斯·纳克，总让我如沐春风。安德里娅·穆尼奥斯是"小村庄"一位了不起的向导，把我介绍给西蒙娜·亚历山大、汤姆·博哈里克牧师、马特·德马泰奥、杰米·迪保罗、杰西·加西亚、玛丽亚·赫雷拉、克里斯特尔·科麦德、里卡多·穆尼奥斯、迈克·罗德里格斯、西里亚·鲁伊斯、金姆·沃瑟曼等人以及其他人。斯科特·伯恩斯坦、马特·科尔、拉里·隆德、多米尼克·帕西加、卡门·普列托以及艾米丽·塔伦也分享了他们对于芝加哥的见解。

在俄勒冈州的波特兰，布鲁斯·艾伦、戴维和安妮塔·奥古斯都、帕特里夏·加德纳、兰迪·格拉格、瑞克·古斯塔夫森、埃德·麦克纳马拉、迈克尔·米哈菲、伊森·塞尔茨、阿尔·索尔海姆、布鲁斯·斯蒂芬森和凯特·华盛顿在珍珠区的许多方面给予我指导。还要感谢艾伦·克拉森、卡洛琳·西奥科斯、乔·科特赖特、迪克·哈蒙、史蒂夫·里德·约翰逊、罗德尼·奥希瑟、史蒂夫·拉德曼、蒂芙尼·斯韦策、爱丽丝·瓦格纳以及霍默·威廉姆斯。

在密西西比州的斯塔克维尔，丹·坎普和尼尔·斯特里克兰德给了我数小时的时间。玛丽·李·比尔、布莱尔·琼斯、林恩·斯普里尔、帕克·怀斯曼以及圣母大学的一位观察力敏锐的客座教授菲利普·贝丝，是帮助我研究棉花地区的许多人中的几位。

彼得·查普曼、史蒂夫·卡普帕、珍妮弗·格里芬、理查德·J.杰克逊、斯科特·麦金农、艾伦·马拉赫、亚瑟·C.内尔森和杰夫·斯佩克一路上都对我帮助有加。我要感谢柯克·彼得森，我50年来的好友，他搭乘从纽约州北部到芝加哥的通宵列车，在"小村庄"为我做西班牙语和英语的翻译。

还要感谢许多个人和组织允许我复制他们的图片，包括布鲁斯·福斯特摄影工作室、切斯特·亚瑟之友组织、科赫景观建筑设计室的史蒂芬·科赫、格丁·艾德伦、"小村庄"环境正义组织、ESTO图片社的彼得·莫斯（承蒙戈森斯·巴赫曼建筑事务所提供）、杰里米·默多克（承蒙棉花区提供）、布拉特尔伯勒镇的汉娜·O.康奈尔、费城历史网、莱斯利·施瓦茨、罗伯特·史蒂文斯，以及本杰明·泽曼与摩卡·乔的烘焙公司。

我最想感激我的妻子玛丽安·兰登，她亲眼见证了我历经这个富有挑战的项目的诸多曲折起伏。

引 言

　　珍妮特·芬格尔正在谈论她所在邻里的公园，而打这儿开始，听起来好像公园是她家庭的一分子，也许是一个早熟的儿子，又或许是一个拥有音乐天分的女儿。"我亲爱的孩子。"当芬格尔不厌其烦地向每个人描述"自由之地"（Liberty Lands）时，她不止一次地这么说。"自由之地"是一处两英亩大小的公园，是她从一片残垣断壁的工业弃置地中开辟出来的。

　　芬格尔住在"北方自由"邻里（Northern Liberties），这是费城的一个地区，自从 20 世纪 90 年代以来这里形成了大片的废墟。制革厂、香烟厂、啤酒厂、一家唱片（黑胶唱片）制造厂，以及其他产业，大部分已经从"北方自由"中清除出去，将费城三分之二平方英里的土地留给了下一代——芬格尔这一代——来入住和妥善处置。

　　她和她的邻居们就是这么做的。在一个没有公园的城市地区，他们靠着自己建造了一个公园。现在这个公园真是生机勃勃。从家里可以步行至公园的人们在奉献了 20 年的志愿劳动后，"自由之地"有了一个蝴蝶园、一处美洲原住民花园、一座社区花园、180 棵不同品种的树木、野餐长凳，一幅描绘鸟类和蜜蜂的壁画，以及开阔的草地。它已成为一个邻里的核心，这个邻里的人口增长速度比费城的任何其他地区都快。如今，芬格尔与她的丈夫和十几岁的女儿住在离花园不远处的连排住宅中，继续每周大约 15 小时的志愿劳动，以便让公园保持吸引力。

　　"这是一桩了不起的事，"谈及公园时她说道，"它团结了这个邻里正在进行的一切。"你可以在网上找到这样一个视频，在里面她总结了"自由之地"教给她的一则经验："我们所有人都需要在一小块地方安顿下来，热爱我们的地方，了解我们的地方，并努力让它们变得更美好。"[1]

　　在我探索理解生活于美国步行可及的社区中的情况如何这一过程中，芬格尔是我所遇到的众多非凡个体中的一个。具体来说，我想知道，步行尺度的地方如何使其居民受益，居民如何面对问题，以及人们做些什么以帮助改善这些地方。

　　在"小村庄"①邻里，位于芝加哥西南部的一个墨西哥裔美国人地区，我和罗布·卡斯塔涅达攀谈，当时他在奥尔蒂斯·德·多明戈斯小学外的操场上休息，喘口气。"这个地点处于'拉丁国王'和'二六帮派'之间的边界，"他告诉我，"就在这里，人们曾经被枪杀，被刺伤。跳过这一段，到了 2006 年，我们开始了一个针对家庭的计划。家庭会过来，

---

① 20 世纪 50 年代初，"亡命之徒摩托车俱乐部"于 1950 年将总部从伊利诺伊州的麦库克搬到第 25 街和洛克威尔，此外，1952 年，盖伊罗德街头帮派在第 24 街和惠普尔附近的同一地界也设了一个帮派，"小村庄"自此变成了一个黑帮横行的街区。——译者

然后玩游戏，校园游戏。可能还有扎风筝。曾有一千人前来参加为幼儿园、一年级和二年级举办的野餐。"

卡斯塔涅达创立并管理着"超越足球"（Beyond the Ball）项目，一项以运动为基础的项目，意欲教导个人和社会的责任感。他使用这个项目来引导"小村庄"中的男孩远离帮派，这些帮派在孩子们大约五六年级时开始招募他们。"小村庄"是一个移民邻里，这里有许多积极的东西，包括街角商店、街头小贩、街区俱乐部，以及芝加哥销量最大的

罗布·卡斯塔涅达在芝加哥"小村庄"里，朗代尔南大道上靠近西三十一街的奥尔蒂斯·德·多明戈斯小学外面。社区从暴力中收复了街角，将它转变成了一个受欢迎的休闲地区。卡斯塔涅达成立了一个称作"超越足球"的组织，帮助五年级和六年级上下的男孩们抵制帮派生活。（菲利普·兰登 摄）

零售走廊之一。"帮派问题，"卡斯塔涅达说，"是这个社区的头号问题。"

朗代尔南大道和西三十一街路口毗邻学校的一角，已经从一个充满侵略和恐吓的地方转变成为一个受欢迎的休闲空间。"我们设置了一个足球场，"卡斯塔涅达说道，"我们的孩子需要一个空间，在那里他们可以茁壮成长。"他是许许多多正在使用公共空间——包括街道、人行道、公园、花园和学校场地——来提升"小村庄"将近 8 万居民生活的人之一。

可步行的社区呈现出的特点是大小各异、肤色各异。它们的经济层面覆盖广泛，并面临各种各样的挑战，但它们中的许多都普遍拥有一个优势，就是将人们聚集在一起的能力：既能与社会弊病做斗争，又能使日常生活更有价值。在康涅狄格州纽黑文市的东岩地区（East Rock），我遇到了伊娃·格尔茨，一位作家，也是从前的书商，了解到为什么她强烈地依恋着自己的邻里，以及她如何将众多小型独立的杂货店和咖啡馆整合进她的环绕城镇的漫步路径中。

东岩的食品店是一个与大型超市不同的世界。"在橘树街市场，他们有一个真正的屠夫，吉米屠夫，"格尔茨说，"如果你有半整头的牛，吉米·阿普佐会为你切开它。吉米人很好，简直太棒了。我确实相信，你在那里购买碎牛肉时，它不是来自 17 头不同牛的混合品。他自己正在绞碎牛肉呢。"

小型的邻里杂货店可能价格贵，但是格尔茨已经掌握了节俭购物的艺术，能挑选到有品质的东西带回家。步行穿过东岩和市中心，"我总是带着一个巨大的包，准备好淘货。"她说。她几乎淘遍所有的商店。

她止步在"罗密欧与凯萨"，壮实的罗密欧·西蒙涅经营的一家杂货店，他操着带有意大利口音的英语，并播放歌剧作为背景音乐，她陶醉于这家商店的个性氛围。"罗密欧的杂货店真的是家庭味道的。罗密欧与见到的所有小孩都打招呼。他的女儿弗兰，知道小孩们的名字。"她说。

如果有些商品确实比格尔茨能接受的售价更高，有个补偿的办法就是她可以通过不开车来省钱。"我极其讨厌手握方向盘，"她强调说，"适合步行的城市：这可不是一件小事。"

费城、芝加哥和纽黑文的这三个个体向我表达的是，他们从作为一个步行社区的成员中所获得的满足感，在这里，有许多方式可以认识人；在这里，一个人常常可以做出真正的改变。许多专业出版物讲述了如何规划行人喜欢使用的街道和人行道，如何设计使得公共空间融洽的建筑物，以及如何改变政府规则，以便人们在步行可及的距离内想要的那些东西都被许可设置其中。当然，我从这些来源中汲取养分，但是我最想探索的还是人的因素。

我决定自己来考察一些地方，它们至少包含着一个步行社区的基本要素，解释它们是如何被塑造定型的，并检查一下就它们的居民来说结果是怎样的。毋庸置疑，我了解到地方政府发挥了至关重要的作用，但离开时，我也带着对邻里协会、地方商人团体、商业改善区、志愿者组织，以及——最重要的是——具有公民意识的个人（包括艺术家、建筑师、企业家、住房所有者和租房者）的更大赞赏。这些形形色色的人，投入思考和想象力来营建步行社区，造福我们所有人。这些思考和想象力都将在后续的篇章中加以捕捉。

历史的方向

五千年来，人类的定居点几乎总是在紧凑的地方。一个人经常需要的东西就分布在步行距离之内。在 18 世纪末，从美国第二大城市费城南部边缘徒步行走，到达其北部边缘，花费大约一个小时。这段距离是 2.7 英里。[2]

以步行者的尺度建造一座城市或城镇，意味着任何身体健全的人都能行走到当地企业、家庭、机构和景点的全部范围，无须依赖他或她自己能力以外的任何东西。按照城市历史学家小萨姆·巴斯·沃纳（Sam Bass Warner Jr.）的说法，费城"像一个单一的社区一样运作，"[3] 没有必要拥有一匹马或一辆牛车——或者，后来，一辆汽车——来参与这座城镇的生活。建成环境和人体需求当时是协调的。

两百年来，情况已殊为不同。人口和资本的大量增加，以及创新的潮流，导致许多有影响力的个体——其中有亨利·福特[①] 和弗兰克·劳埃德·赖特[②]——将步行社区视为过时的且不是特别理想的。现代人注定要成为距离的主人。福特、赖特，以及勒·柯布西耶（Le Corbusier）——法国籍瑞士裔建筑师，现代建筑运动的旗手，他们都青睐一种依赖汽车的生活方式。

---

① 亨利·福特（Henry Ford，1863—1947），美国工业家和商业巨头，福特汽车公司的创始人，大规模生产流水线技术的主要开发者。——译者

② 弗兰克·劳埃德·赖特（Frank Lloyd Wright，1867—1959），美国建筑师，以设计"草原风格"住宅著称。——译者

"在任何地方，现代的最大问题都是，在一个更为庞大的网络中重建适应汽车的街道模式。"勒·柯布西耶宣称。汽车"不能生存"在传统的城市规划中；它需要能够快速移动，"毫不停歇。"[4] 勒·柯布西耶倡导机器城市（the machine city），由在物质空间上相互隔离的部件组成。[5] 在 19 世纪晚期，这个想法——日常生活的基本部分不再需要紧密地簇集在一起——开始被广泛接受，首先是在德国，然后是在英国和美国。

宣传，其中一些由石油产业委托的宣传，鼓励公众不要再怀想步行尺度的社区。1937 年，为了一个由壳牌石油公司赞助的公关项目，诺曼·贝尔·格迪斯，一位工业设计师，颇有传达信息的天赋，他建立了一个"明日的汽车之城"的比例模型。模型被设计得引人注目，旨在说服大众——他们对每年遭机动车辆祸害丧生的行人数量已经感到愤怒——接受这样一幅愿景，公路奇迹般地穿越密集社区。壳牌在当时最受读者喜爱的杂志《星期六晚邮报》（*Saturday Evening Post*）上购买广告，来展示令人着迷的模型照片，并将贝尔·格迪斯描绘成"未来趋势的权威"。"贝尔·格迪斯的模型成为汽车世界的宣言。"技术历史学家彼得·诺顿（Peter Norton）说，他是具有启示性的《战胜交通》（*Fighting Traffic*）[6] 一书的作者。贝尔·格迪斯将他的机动性概念戏称为"神奇的高速公路"，并继续设计通用汽车公司的未来世界展览，在 1939 年纽约世界博览会上展出，这是 20 世纪对公众最有影响力的公共盛会之一。

通过将土地用途分隔成不同的区域，政府将汽车使用几乎变成现代生活的一个必要条件。"功能分离"已被视作一种使得嘈杂、产生烟尘的工业远离居住邻里的方式，但它最终使多户住宅和独户住宅分开，并使商店和小酒馆与住宅小地块也分隔开。以小汽车作为交通方式，中等收入家庭和高收入家庭可以在较低的密度下定居在四周都有草坪的房屋里。

有些地方变得更安静，更安宁，但也更无聊，更不方便；许多商品、服务和活动再也无法在附近找到。多样性，长期以来城市生活的一个标志，萎缩了。要入住通过分区"加以保护"的邻里，变得更加昂贵，不仅因为什么可以建造受到限制，而且因为每个家庭都被迫购买一辆甚至两三辆汽车，以扩大出行的地理范围。

在这些篇幅中，我表明了，最好的生活是在步行可及的距离之内，这样的地方应该成为我们的目标。在 20 世纪 80 年代我开始写作以支持步行尺度的发展，并在新生的"新城市主义"（New Urbanism）运动中找到志同道合的人，这些由设计师、建筑商、开发商和市民组成的群体，他们想要创造或生活在紧凑社区中，在那里一个人可以通过步行到达一些令人满意的地方。[7] 在经历了来自大量住宅建筑行业最初的激烈抵制之后，潮流开始转向。纽约的炮台公园城（Battery Park City）表明，可以在传统的街道网格上组织新的大规模开发，以小的公园穿插其中。靠近丹佛市中心，"高地的花园村"（Highlands' Garden Village），一个拥有咖啡馆、商店、农夫市场和办公室的紧凑邻里，是在一座废弃的游乐园的地块上建造起来的[8]。几百项人性尺度的、混合用途的郊区开发，从位于马里兰州的盖瑟斯堡（Gaithersburg）的肯塔兰镇（Kentlands）社区，到俄勒冈州的位于波特兰以西的希尔斯伯勒（Hillsboro）的奥伦科站（Orenco Station）邻里，一一应运而生。

然而,像那些需要大量资本的项目一样,当2007年的住房市场低迷、2008年的经济危机使得开发几乎停滞不前时,很明显,那时美国人最感兴趣的步行社区并不是郊区的传统邻里开发,而是古老的城市邻里、市中心、以前的工业区,以及紧凑的城郊。年轻人蜂拥至城市邻里,在那里可以步行到达咖啡屋、酒吧、商店、音乐场馆和其他的便利设施。相当多的婴儿潮一代和退休人员也是如此。已经在那些邻里中居住多年的居民早已做了很多工作来解决其中一些问题。这些城市居民发现了什么?

以下篇章,是六个地方的故事,这些地方在规模、历史、财富和教育方面都有所不同,但是却具有某些共同特征。最重要的是,它们都是密集定居的;它们有着混合的用途和活动;它们有着广泛连接的街道;并且它们与人的肉眼感官、身体尺度和人的步行行为都关系良好。

我从费城的中心城开头,因为自从 20 世纪 60 年代后期以来,我持续访问费城,其间有城市不景气的时候,也有景气的时候,而无论在城市的核心地区,还是在城市核心地区以外,邻里的发展都给我留下了深刻的印象。接下来,我将重点放在康涅狄格州纽黑文的东岩地区,这是我已经居住了三分之一个世纪的邻里。特别是,我目睹了东岩是如何创建了一系列户外和户内的聚会场所,从而极大地改变了邻里中央走廊的氛围,并促进了一种新的乐群性。

然后我转向佛蒙特州的布拉特尔伯勒,这是一个拥有 12 000 人口的老社区,它的大街商业区一直得到居民、商人、艺术家和政府的顽强捍卫。在布拉特尔伯勒,人们都联合在一起,在面对挑战时做出非凡的举动,无论是遭受到一场损毁了一座地标性建筑的火灾,抑或是遭遇到威胁市

　　费城可谓一座步行者尺度的联排住宅和联排别墅①的城市，这些联排建筑为狭窄的街道提供了一种围合感。背景中的轮廓剪影是市政厅，顶部以威廉·佩恩的雕像收头。[迪鲁·A.沙达尼绘制]

中心五金店营生的一家大盒子式的连锁店。

　　如果具有可步行特征的社区发挥作用了，它们应该不仅仅服务于中高收入人群，应该也服务于少数民族人口和低收入者。考虑到这一点，

---

①　联排住宅（rowhouses）和联排别墅（townhouses）在结构和设计上均非常相似，不同之处在于，联排别墅的建造往往与周围的房屋有不同的特征，而联排住宅几乎都是一致的。在大多数情况下，联排别墅至少提供一块小的绿色空间，最常见的形式是一个小的后院和通向前门的具有景观的步道。——译者

我调查了芝加哥的"小村庄"，中西部最大的墨西哥裔美国人社区，它如何从芝加哥的街道网格、密集的人口、经验丰富的社区组织者、天才的壁画家还有其他等等因素中汲取力量。"小村庄"已经创建了新的公园，建造了新的学校，抵制了帮派活动，以及在无情的热浪中，让脆弱的老年居民生存下去。

接下来是俄勒冈州波特兰市的珍珠区，在那里小街区已形成网络，许多街区是从以前的铁路站场切分出来的，包含有新旧建筑物，包括住房、零售、办公室和文化机构。根据我的判断，珍珠区是自新城市主义运动开始以来，在美国城市创建的市中心边缘地区中最出色的一个。城市与一家主要开发商之间的一项长期协议，带来了一条有轨电车线路、新的公园和大量可支付住房的开发。

最后，我讲述了密西西比州的斯塔克维尔棉花区的故事。那里有一个名叫丹·坎普的人，他出道时，是手工艺课老师的指导员，他在40多年时间里，改造了一片覆盖十个街区的破旧地区。棉花区，以前是城镇的一个残存部分，现在已成为斯塔克维尔最充满活力的邻里。

这六个社区中的每一个都阐明了，一个邻里、地区或城镇，如何认识问题、确认机会并且整合其资源。综合起来，它们表明了为什么人们选择生活在适合步行的社区里，他们为自己的社区做了些什么，以及随着时间的推移，这些地方如何能够变得更好。

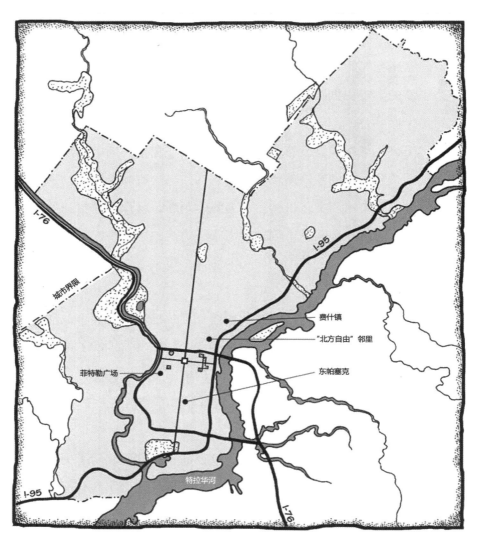

费城地图，显示了它的重要公路、主要公园，最初的五个广场，以及它的一些可步行的中心邻里。（迪鲁·A.沙达尼绘制）

第1章
大城市,亲密的环境: 费城中心城区

很久以前,我逐渐迷恋上费城,出于最简单的原因: 在我年轻的时候,我骨子里是个宾夕法尼亚人。我对宾州美丽的地貌感兴趣,为它的工业化成就而自豪,并渴望了解它的历史。我在宾夕法尼亚州的一个角落长大,那里与费城相对,先是在格林维尔(Greenville),一座制造业城镇,也是大学城,在那里,我父亲是当地报社负责本地新闻的编辑,后来,在他47岁过世之后,我母亲改嫁,我们与她的新丈夫一起迁入伊利(Erie)地区。直到1969年6月我从阿勒格尼学院毕业,我自始至终一直待在宾夕法尼亚州西北部。毕业五天后,我开始了我的第一份全职工作,哈里斯堡 ①(Harrisburg)《爱国者新闻》(the Patriot-News)的记者,在东南方向250英里外。

费城是当时全美人口数量排名第四大的城市(现在排名第五),距我当时所处的地方向东只有100英里。因此,在我工作初期的某个周末,

---

① 宾夕法尼亚州的首府,位于宾州的南部。——译者

我动身前往这座城市，它是本杰明·富兰克林、罗伯特·莫里斯和其他不少历史人物的故乡。那之后的年岁里，我又无数次回到这座城市。

我对费城的第一印象是，整座城市鳞次栉比。这座城市 142 平方英里的土地上，密集填充着各式各样的建筑，特别的是联排住宅（rowhouses）：联体，二层、三层，有时四层的高度。费城人在威廉·佩恩 ①1682 年创立宾夕法尼亚州后不到十年间，就在特拉华河（Delaware River）沿岸附近建起了他们第一批联排住宅，并且从那之后，从未停止过建造这类建筑。[1] 费城有成片成片由联排住宅构成的街区，那时我觉得，这些街区被狭仄的空间所限制，但这种方式却也是经济、高效且令人舒适的。在一个联排住宅邻里中，一个人生活所需的许多东西都在步行可达的距离内。

在费城中心城区——位于特拉华河和斯古吉尔河（Schuylkill River）之间的商业和历史枢纽——典型制式的联排住宅是，宽 12 至 16 英尺 ②。其中最豪华的，被人们称为联排别墅（townhouses）的建筑，是 18 至 22 英尺宽。联排房屋比肩而立，各排之间的街道在 6 至 10 英尺的范围内，好像联排房屋的部分工作是看守公共领域似的。街道本身是紧凑的，有些街道颇为狭窄，只可容纳一条机动车道。

在很长一段时间里，我一直想弄清楚，一座人口如此密集的城市——1950 年人口高峰时期，费城拥有超过两百万的居民——是如何能够在街

---

① 威廉·佩恩（William Penn，1644—1718），北美殖民地时期的一位重要政治家、社会活动家，宾夕法尼亚殖民地的开拓者。——译者

② 英尺 (ft) = 0.3048 米 (m)。——译者

道如此狭小的条件下正常运作的。费城的街道网络看上去很古老，而交通通行常常是缓慢的。我在这个州的西北部度过了人生中的前22年，相比费城，那里一切布置更分散，人们理所当然地认为，你得有一辆小汽车。也许我需要开始从一个不同的角度来看待事物了。

最终，我意识到，根据机动车在街道上行进的速度来判定像费城这样的一座大城市——确切说来，任何城市，毫无意义可言。在费城，人们徒步四处出行，还可以乘宾州东南部交通局（Southeastern Pennsylvania Transit Authority，SEPTA)的公共汽车、地铁、有轨电车或通勤列车，而不仅仅是使用小汽车。时至今日，所有这些交通方式，他们还在继续使用，新的方式则是，许多人骑自行车。在一座运行良好的城市中，小汽车只是交通方式中的一种，而并非最好的一种。

我领悟到，狭窄的街道和连续的成排建筑物可以带给邻里亲密感。在大多数位于市中心的邻里中，商店、咖啡厅和公园都在步行距离内。人们通过步行到达各处，这有助于他们与附近的人结交朋友。这种紧凑性有助于培养紧密联结的邻里。

当人口密度足够高时，一个邻里可以支撑步行距离内的各类商业企业，诸如各类提供咖啡的场所、简餐厅、小酒馆、干洗店，以及便利店等。一些商店可能是特许专营的。中心城还有许多本地企业，它们反映了业主的个性。一天晚上，我和一位朋友在华盛顿广场西侧的一家小餐馆用餐。这是一家允许自带酒水（BYOB）①的餐馆，因为餐馆没有卖酒的营

---

① Bring Your Own Bottles 的首字母缩写。——译者

业执照，所以我预先在一家街角商店停下，这家店能将各种啤酒打包成很小的包装，我买了些酒带去餐馆。邻里商业的这种特性让整件事都变得有趣。这个经历，与沿着郊区道路驾驶，然后在各地随处可见的各类连锁餐馆中选择一家就餐的经历，有着天壤之别。

在为机动车出行规划的城市和城镇中，路程的长度让人们出行的体验变得沉闷无趣，并且使得你在街道上遇到人然后随时随地开始一场交谈的情况，变得不可能发生。相比之下，费城的市中心，将日常生活融入可以遇见他人的沿街徒步旅行之中。由于市中心的人性化尺度，它吸引了越来越多的人，他们厌倦了小汽车和依赖小汽车的生活方式。伊维里斯·克鲁兹二十来岁时搬进了市中心西南部，这是因为，她这样说："我在宾夕法尼亚大学找到了一份工作，我想走路上班。我不想应付交通带来的沮丧压力。走路的话，从我家到宾大西侧边界的办公室，大概 25 到 35 分钟。我有辆小汽车，但说到使用的话，一周也就用一次。"

阿卡狄亚土地公司的总裁、房地产开发商杰森·达克沃思，从纳贝思，位于费城西北部蒙哥马利县的一座具有一个世纪之久的铁路郊区自治镇，搬到了费城市中心的罗根广场（Logan Square）地区，因为他和妻子想要融进城市的环境，想要步行，并且觉得，搬进市中心将对他们处于学龄阶段的两个女儿大有裨益，两人现在均被马斯特曼中学录取，一座很有吸引力的公立学校，她们步行就可到达学校。"这些城市里的中学生，知道怎么乘宾州东南部交通局的巴士，在哪里能找到最美味的巧克力饼干，去哪里和朋友闲逛吃披萨，"达克沃思说道，"他们拥有比在纳贝思镇上更大的独立性，尽管就郊区而言，纳贝思已经算是相当好了。"

　　"对我们来说，有一点尤为重要，"他说道，"那就是她们与不同于她们自身的人生活在一起——不同的种族，不同的经济状况，不同的宗教——然后，通过这些，她们也许能更富有同情心，具有更开放的体验。这让我想起路易斯·康①那句关于孩子和城市的名言，'城市是为人所用的地方。它是这样一个场所，在那里，一个小男孩，当他路过时，有可能发现些什么，而这个发现将帮助他找到他终其一生想要为之付出的目标所在。'"

　　有些人即使工作岗位距离甚远，也会被适合步行的邻里所吸引。在特拉华州威明顿工作的阿金卡亚·乔格尔卡尔，和在费城西北郊工作的妻子乔安娜，在西南中心城购买了一幢新建的三层联排住宅，因为他们可以乘火车往返出行，在一个环境友好、排布紧凑的地方结束每一天，在这里邻居们互相认识。"这非常棒，能够走出前门，再走过两个街区去喝杯啤酒、吃份汉堡，"30岁出头的阿金卡亚·乔格尔卡尔这样说道，"（在南大街上的）格雷斯渡轮三角区（Grays Ferry Triangle），距离这里五分钟路程的一个地方，我们已经结交了许许多多的人。"乔安娜·乔格尔卡尔将步行前往三十街车站看作是"我的嵌入式运动"，她喜欢在可以步行的地方购物。"我们在小型商店购物的次数比在巨型盒子的大商场更多，我觉得前者的产品质量更好些。"她说。

　　这座城市的核心地带拥有几条宽阔的大街。首先是宽街，从市政厅

---

①　路易斯·康（Louis Kahn，1901—1974），美国建筑师，曾先后于耶鲁建筑学院、宾夕法尼亚大学设计学院任建筑学教授。——译者

向北、向南延伸；接着是集市街，在市政厅处与宽街交会，两侧建筑立面之间的街道宽100英尺；这两条街道若是没有这些几层楼高的建筑物面向街道，会使人感到有些畏惧，幸好建筑物足够高，给予了街道一种围合感。尽管如此，大多数街道——甚至是那些充满活力的商业街——都是相当狭窄的，使得人们容易穿越。街道的转角是非常急转的；它们并不是流畅的曲线形态，转角流畅的曲线形态在现代郊区中已经逐渐普遍，但是对行人来说具有危险性。几乎没有任何曲线的交叉口，迫使车辆在转弯前减速，这对行人来说更好。传统的城市特征——狭窄的街道；直转的直角交叉口；缩短的街区；随处可见的门廊；大量符合人体尺寸的窗户；以及在步行可及范围内的多类用途的混合——都劝服人们步行或是骑自行车、乘巴士或有轨电车前往商店、餐馆、办公室、文化活动场所，以及各种各样的目的地。

究竟发生了什么？为什么中心城区的情况会恶化？它又是如何走向复兴的？

中心城区如何衰落和复兴

在20世纪开初的几十年里，费城是一座拥有多元产业的繁荣城市。城市的热情支持者们将彼时的费城称作"世界的作坊"。在1953年它的产业高峰时期，大约有395 000个费城人——劳动力总数的45%——以从事制造业为生。然而在随后的几十年中，费城的工业急剧萎缩。到2011年的时候，只留下不足30 000个工业岗位，合计仅占这座城市就业岗位的5%。[2]依赖工厂提供就业岗位的地区，尤其是在费城北部，都衰落了。

在 20 世纪 60 年代和 70 年代，城市犯罪迅速爆发，种族冲突加剧，这些情况与工业岗位的消失结合在一起时，就促使数十万白人迁出了费城。20 世纪 90 年代初期是另一个艰难时期，吸食强效可卡因的风行接近最高潮。药物滥用加上毒品供应商之间的地盘争夺战，触发了一股暴力犯罪的浪潮。巴兹·比辛格（Buzz Bissinger）的书《城市的祈祷》（*A Prayer for the City*）巧妙地将那段时期弥漫在费城中的绝望情绪记录了下来。[3]

大约 20 世纪 60 年代早期，市中心南十二大街附近的罗德曼街（Rodman Street），这一时期许多 19 世纪建成的联排住宅处于废弃状态。这个街区现在是一个整洁而安全的地区，有孩子的家庭会选择住在那里。（PhillyHistory.org 供图，这是费城档案局的一个项目）

在这样的背景下，中心城区自那以后得以复苏，简直令人惊讶。费城的中央商务区从 1990 年的极端困窘，走向 2010 年的良好状态。2010年时那里已经集聚了全美所有商务中心中排位第三大数量的居住人口。就居民数量而言，费城市中心的排名仅仅在两个商务区之后，曼哈顿中城和曼哈顿市中心。[4] 这座城市的核心地区的人口一直在增加，而像费城北部等地区仍处于萧条之中。

中心城区的复兴有三个主要原因。首先，中心城区及其周边一些地区，两个蓬勃发展的美国经济部门，即医学和高等教育，提供了大量工作岗位。教育和医疗卫生机构已经成为费城的经济支柱，提供了这座城市 36% 的就业岗位。该地区将近 60% 的教育和医疗卫生就业是在城市内，其中大部分集聚在中心城区、大学城（斯古吉尔河以西的地区，是宾夕法尼亚大学、德雷塞尔大学和多家医院的所在地）以及费城北部（坦普尔大学①的本部所在地）。[5]

其次，中心城区布局紧凑和功能用途混合的特征从未因城市更新而遭受毁灭性破坏。"费城具有某种'无为而治'的天资，"城市历史学家、以前的费城人罗伯特·菲什曼（Robert Fishman）说，"若不是这样，许多精彩绝妙的东西在 20 世纪 50 年代和 60 年代就会作为城市更新的一部分或仅仅是市中心普遍的企业化而早被推倒了。一些情况也确实发生了，例如旧址拆除后新建的宾夕法尼亚中心，它是洛克菲勒中心最糟糕的模仿者，还有东部市场。但是相当多的地方，像南大街曾经规划有高

---

① 费城三大名校之一，另两所是宾夕法尼亚大学和德雷塞尔大学；也是宾夕法尼亚州的三大公立大学之一，另两所为宾夕法尼亚州立大学与匹兹堡大学。——译者

速公路的地区，从未发生过拆除。足够多的地方幸存下来，成为 20 世纪 70 年代及此后城市复兴的基础。"

第三，犯罪和骚乱得到了积极且常常是明智的应对处置。在费城市中心，严重的犯罪在 1991 年至 2015 年间下降了 52%。[6]

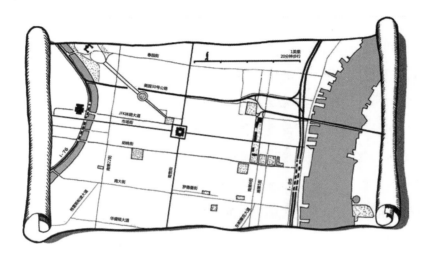

大市中心，展示了它的一些主要街道，加上罗德曼街，一条狭窄的小街，已经从 20 世纪 60 年代的半废弃状态转变为今天颇受欢迎的情形。从特拉华河到斯古吉尔河，大约有 40 分钟的步行路程。（迪鲁·A.沙达尼绘制）

费城的心脏地带发展得如此顺利，中心城区的各处边界已经向外推进。在 20 世纪 60 年代，中心城区——市中心加上附近的若干社区——在北面结束于葡萄藤大街附近，在南面结束于南大街附近。一般来说，超出葡萄藤大街或南大街范围的地区，都处于中心城区的势力范围之外。然而，到 20 世纪 70 年代中期，周边邻里像"北方自由"和南部费城的部分地区的许多人，想要和城市的中心建立联系。在当地报纸的房地产版面上，开始将葡萄藤大街以北或南大街以南的住房认定为中心城区的物业，而在接下来的四十余年中，那些邻里日益融入城市的核心。[7]

清洁与安全

詹姆士·温特林，一名在市政厅附近拥有一家事务所的建筑师，回忆起了20世纪80年代的中心城区："那时有大量公开的行乞，有许多人露宿街头。"然后情况开始发生变化。一位在公开场合相当低调的房地产开发商，罗纳德·鲁宾，他的家族企业在市中心控制着比其他任何人都更多的物业，于1990年开始了一场改革运动，旨在建立起一个商业提升区，由地产业主们承担资金费用。此区域被称作"中心城地区"（Center City District 简称CCD），首先聚焦于两个目标：让市中心变清洁、变安全。CCD项目于1991年春天开始运行，带有一笔650万美元的预算，使用的项目计划和服务系统由完全来自私营部门的人员组成的董事会确定。CCD运营方雇用了工人来清理人行道，还聘用了"安全大使"，他们是受雇员工，帮助公众注意具有危险性的活动，并在必要时报警。随着时间推移，CCD项目开始着手营销"中心城区（Center City）"，并提升街道景观。对鲁宾这样的商人来说，CCD项目是让一个日趋衰败、邋里邋遢的中心城区变得具有吸引力和竞争力的一种手段。这样一来，就为房地产利益集团带来了租户和利润，与此同时，也能使各类机构、城市政府和居民自身获得实惠，城市中心环境恶化的程度如此之大，这些居民中的很多人早已备受困扰。[8]

这场清洁和安全运动大大稳定了市中心的环境氛围。此后20年中，费城的严重犯罪数量减少了一半，影响生活质量的违法行为数量减少了3/4。保罗·列维，自CCD项目成立以来就任执行董事长，将该地区视为"如何在临界点上推动地方发展的教科书级的案例"。[9]

　除了一个稳定和安全的市中心外，费城还需要比过去更强的政府领导力。费城获得了这种领导力，来自爱德华·伦德尔，一位嗓音沙哑的前地区检察官，他于1991年被选举为市长，两轮四年任期中的第一任期。伦德尔告诉我，"我想把整座城市带回从前的生机。我们不得不从市中心开始。我们不得不收复我们市中心的街道。"为了达到这个目标，在CCD安全大使们的指导下，伦德尔在中心城区的两个警区增加了巡逻强度。伦德尔的一条策略涉及，让警察在会议中心和市中心酒店之间保持一条安全的步行走廊。随着时日变迁，从这项细则中获益的地区范围逐渐扩大。

　20世纪90年代，无家可归和公共场合行乞已经成为整个国家城市中心地区的痼疾。伦德尔对此采取了一项审慎的政策：将无家可归者从街道带走，并推动他们向一种对他们自己和对城市都更好的生活方式转变。许多无家可归者"患有精神疾病，也害怕到流浪人员收容所去，"伦德尔说，"我告诉警察，带他们离开，把他们塞进你们的车里，但是不要逮捕他们。"警察将无家可归的人运送到收容所，他们中的一些人同意进收容所。"最终，"伦德尔说，"他们停止了在公共场所行乞。"此外，还须劝说公众停止那些助长乞讨和其他负面活动的行为方式。"这些来自郊区的善意团体会给无家可归的人提供食物，"伦德尔指出，"我说，我不希望你们再在街上向他们提供食物。我们有很好的流动厨房，等等……我说服他们放弃这种行善方式。在街上施舍食物的问题在于，行乞者会乱丢杂物，他们还会在户外解决如厕问题。我们通过提供食物来带他们接受药物治疗和职业培训。"

丈量适合步行的社区

《新城市主义宪章》（ *The Charter of the New Urbanism* ）提出："日常生活中的许多活动应该在步行距离内进行，以便允许那些不驾车的人群具有活动的自主性，尤其是老年人和年轻人。"[a] 新城市主义者试图确保，人们最重要的日常目的地是在 1/4 英里 ① 的距离以内，或是在 5 分钟的步行范围之内。某些目的地，像幼小儿童所需要的那些地方，应该更加近一些。譬如，"精明准则"（SmartCode）[一种基于形态的设计准则，最初由迈阿密的建筑与规划公司杜安尼·普莱特 – 齐伯克公司（Duany Plater–Zyberk & Company，DPZ）提出构想]，要求在每套住宅周边 800 英尺范围内提供某种户外玩耍空间。为了交通便捷，交通规划者经常以步行 10 分钟或者 15 分钟可以到达快速交通线的步行距离为目标，像轨道线，到达公交车站则更近，5 分钟步行距离。

2007 年，西雅图的杰西·科克尔和马特·莱纳开发出了一种计算任一地区适合步行程度的工具。他们将其命名为"步行指数"（Walk Score），并通过一家以此命名的公司发布步行指数的信息。在步行指数中，区位被从 0 分至 100 分予以分级。最高等级被奖励给各类便利设施在 1/4

---

① 1 英里（mi）= 1609.344 米 (m)。——译者

英里范围内的地点或社区。近年来，"步行指数"公司还引入了交通指数（transit score）和骑行指数（bike score），它们用来评估人们使用自行车或公共交通完成日常事务的难易程度。

我访问过这家公司的网站（网址是 walkscore.com），并键入了"费城菲特勒广场"（Fitler Square Philadelphia），中心城区一个邻里的名称。我了解到，菲特勒广场拥有一个近乎完美的 96 分的步行指数。根据网站的说法，这是一个"日常事务不需要汽车就能完成"的地方。"在菲特勒广场有大约 200 家餐厅、酒吧和咖啡店，"网站如此报道说，"在菲特勒广场上的人在 5 分钟内可以步行至平均 24 家餐厅、酒吧和咖啡店。"菲特勒广场也获得了 99 分的交通指数和 99 分的骑行指数。

步行指数帮助人们获得一种感觉，即各个邻里的可步行程度如何。规划师、城市设计师、公共卫生专家和公民积极分子都已开始使用其地图和算法来改善物质环境条件，以及将步行结合到人们的日常生活中。凤凰城使用"步行指数"公司的数据来观察，长的街区和超级街区应该在哪里被打破，尤其是靠近地铁轻轨系统（Metro Light Rail System）未来各站点的位置。[b]

如果你向下掘取数据足够深入的话，你会发现"步行指数"中模棱两可或是具有误导性的某些方面。"步行指数"的算法没有考虑到城市

---

a 《新城市主义宪章》的"邻里、地区，以及廊道"中的第十条准则，https://www.cnu.org/who-we-are/charter-new-urbanism.

b 菲利普·兰登，"步行指数能带来更好规划的交通网络"，新都市新闻（New Urban News, ）Sept. 2011, p.7. http://bettercities.net/article/walk-score-could-lead-better-planned-transit-networks-15280.

在中心城区的菲特勒广场（Fitler Square）邻里，树木和其他植被使得一条由联排住宅形成的街道软和可人。在某些街区，人行道的一部分由砖块铺装，强调了环境布置的人性尺度。（菲利普·兰登 摄）

设计的某些特征，而这些特征可以创造一个步行友好的环境。乔治·L.辛巴奎巴（Jorge L. Simbaqueba）是康涅狄格大学的交通工程师和研究生院研究员，他认为有这样一些被忽略的特征，宽度令人感到舒适、保养完好、天气炎热时有荫蔽的人行道，在合适地方的绿化种植带，以及增强公共领域感的建筑物退界，等等。

尽管存在局限，"步行指数"还是提升了公众对于可步行性（walkability）的理解。"拥有最高步行指数等级的城市——纽约、旧金山、波士顿、费城——的确是最适合步行的城市。"新城市主义作家兼编辑罗伯特·斯图特维尔这样说道。[c]因此，要使用步行指数，此外还要花些时间关注邻里本身。观察其步行线路是否舒适，确认那里的便利设施是否确实有用，询问当地人交通系统的可靠程度，或自己乘行体验一下。"步行指数"可以提供一个良好的快速印象简介，但它并非确切的最终答案。

---

c　罗伯特·斯图特维尔，"步行指数存在的问题"，更好的城市与城镇（Better Cities & Towns），Sept. 1, 2015,http://bettercities.net/news-opinion/blogs/robert-steuteville/21738/problem-walk-score.

　　列维对伦德尔称赞有加，伦德尔在费城的成功使他得以连任州长，任期总共八年，其间他推动政府机构反思，怎么将钱花在真正需要帮助的人群身上。列维说，费城提高了在与无家可归问题相关联的服务上的支出，从每年 4 200 万美元增加到了每年 1.08 亿美元。该市逐渐朝向一个更加拓展的救助系统转变，包括毒品治疗和酗酒治疗，各种公共服务之间的协调性也提升到了一个更高的层次。"向警察提供资金，建立特别行动小组。"列维指出，这些警察会提醒人们，"你不能躺在这里，不能睡在这里，我另外提供给你一个获得帮助的渠道。"结果是，列维说，"原来露宿街头的人有 400 人，现在是 100 人。"这种"持续关怀"的方法非常奏效，列维说，除了那些患有严重精神疾病的，譬如妄想型精神分裂症患者，这种方法几乎对每个人奏效。2008 年，一个被称为"宾州住房之路"（Pathways to Housing PA）的组织制订了一套"住房为先"

（Housing First）的方法，给那些患有精神疾病的人提供公寓，并辅之以治疗服务，覆盖心理与生理健康、药物滥用、教育和就业等内容。这个策略看上去也奏效了。[10] 费城近年来的几任市长并没有像伦德尔那样，对诸如公共场所乞讨、睡觉等问题予以相当的重视，尽管如此，他们面临的情况已比 20 世纪 90 年代初期好得多了。

如果一座城市里的许多建筑都被忽略，并且处于空置状态，那么这座城市就不可能是步行友好的，不可能是宜居的。1997 年，费城开始向那些将城市内任何地方的空置建筑物转变为居住用途的业主们提供财产税减免。2000 年，各项激励的覆盖面扩大到新建建筑。这些政策引发了一轮住房市场繁荣。"1990 年，商业核心区内只有一幢较大的住宅公寓。"列维指出，"如今，在一个过去纯粹是商业区的地方，有了 49 幢共管公寓（condominium）建筑，有 3 871 套住宅，另外还有 165 幢套房公寓（apartment）建筑，有 15 630 套住宅。"

多年来，"中心城地区"（CCD）项目已经在街道景观和公共区域提升方面投入了 1.18 亿美元，由 CDC 发行的债券支付，另外还采取了城市、州、联邦和基金会资金的杠杆手段。环境质量得以提升，增添了 1 000 棵新栽种的行道树、2 200 处适合步行尺度的照明装置、将近 700 幅为步行者设置的指示地图和导向标识，还有为机动车驾驶者设置的 233 份地图和指示牌。宽街的某一段被重新命名为"艺术大道"，同步变色的街灯也使得建筑物的外立面更加生动活泼。[11]

这座城市在没有任何实际替代方案的地区完成了拆除和重建工作。1999 年，位于中心城区东南部霍索恩邻里（Hawthorne neighborhood）的马丁·路德·金广场上的四座塔楼，共有 576 套公共住房，被爆破拆除。这些塔楼多年来一直是瘾君子、犯罪分子和贫困者的摇篮，给邻里造成许多困扰。通过联邦 HOPE VI 公共住房再开发计划，费城住房管理局以较低层数、更加传统的住房类型，大多是联排住宅，取代了原有的高层建筑。为了建立一个经济上平衡的社区，一些新的住房单元预留给那些拿补贴的租户，其他的则提供给按市场价格支付的租户。该地区还额外增加了住房单元，其中一些住宅就建在不景气时期空置出来的地块上。普利策奖得主、《费城探察者》的建筑评论员茵嘉·萨弗容（Inga Saffron）发现，重建的提升效果显著，安全性大大提高。[12]

拓展中的中心

费城的中心城区，2.2 平方英里的平地，处于东部特拉华河和西部斯古吉尔河之间，包括费城市中心商业区和这座城市中年代最久的一些邻里。1682 年，宾夕法尼亚殖民地所有者威廉·佩恩，为了避免重蹈拥挤的伦敦城的覆辙，他和测量师托马斯·霍尔姆开始在一个简单的网格图上布局费城初始的部分。

大多数街区被划定为 396 英尺的长度，按照最近的美国开发标准，这是一个相当短小的尺度，然而是一个对未来居民有益的尺度。小街区鼓励人们步行；在街区短小的邻里，有着频繁出现的交叉路口，使得人们去往各个目的地时有了许多选择。以一个平均的速度，一个人走完一个 396 英尺宽的街区只需要一分半钟的时间。中心城区的街区宽度各不相同，那些早至 18、19 世纪时就加插在许多街区之中的小街、庭院和巷子，增强了费城的人性化尺度。

佩恩梦想自己能建立一座"绿色乡村城镇"（greene country towne），在那里，独立式住宅将坐落在巨大地块的中心，但是取而代之的是，中心城区被拼联成排的建筑密集填充，街道由此获得了一种围合感，一种"户外房间"的感觉。

20世纪时，在中心城区以外的许多邻里中，居住着那些在制造业领域或在水滨工作的人。二战以后，工厂和水滨的就业岗位下降，"北方自由"这样的北部邻里、南大街以南的各个邻里，流失了大量人口。终于，形势出现了逆转，这些邻里的居民又开始增加。针对这一趋势，中心城地区在2011年引入了一个新的术语——大中心城区（Greater Center City）——来描述这一片7.7平方英里的范围，老的中心地区和现在与它对齐的北部与南部邻里结合在一起。[a] 大中心城区的北界是吉拉德大道，在葡萄藤大街以北大约一英里处。南界是塔斯克大街，在南大街以南大约1/9英里处。

中心城区的人口数量已增长至大约62 000人，而大中心城区的人口数量，截至2013年，11年间增长了13%，已经上升至178 000余人。此外，中心城区作为一个区域的经济中心，在专业服务领域的机构中，有超过288 000个就业岗位，33 500个独资经营商以及合作伙伴。[b] 2016年，"步

---

a "市中心生活的胜利：拓展中心城区的边界"，中心城区开发，费城中心城地区和中部开发公司的出版物，2002年4月，第4-5页。
b 2014年费城中心城区的状况（费城：费城中心城地区和中部开发公司，2014），第5, 7, 11, 33, 47, 51页。

如果设有适合坐或站的位置，公共场所就会吸引人们，人们就会把感觉上不错的任一表面变成座椅。这个场景就在里腾豪斯广场（Rittenhouse Square），这里最初被叫作西南广场。（菲利普·兰登摄）

行指数"公司将费城评为美国第四位最适合步行的城市、第五位自行车友好（bike-friendly）与交通友好（transit-friendly）的城市。[c]

城市核心的人口密度相当高——中心城区每英亩土地上的居民超过 38 人，里滕豪斯广场周边，每英亩则多达 63 人——这样的人口密度，支撑起越来越多的餐馆、商店和便利设施的设置。超过 300 家咖啡馆和餐厅，成为人行道餐饮的提供者（这样的数量，是从 20 世纪 90 年代初的零基础开始的），而这是晚间的市中心街区比以往更充满活力和趣味的原因之一。半个世纪以来，这座城市的人口整体上一直处于下降趋势，2006 年达到了 1 448 000 的低位，但自那之后一直在上升，2015 年达到了 1 567 000 人。

---

c　步行指数，2016 年城市和邻里排名，2016 年 11 月 29 日，https://www.walkscore.com/cities-and-neighborhoods/.

这些位于中心城区的现代联排住宅，有着大面积的玻璃窗和具有装饰性的迷你阳台，这些元素给住宅区街道增添了一种居住的感觉。不过，这些优点被一连串的车库门抵消了，使得这片街区对步行者来说，变成一个并不那么令人满意的地方。（菲利普·兰登摄）

社区开发的两种面貌

由于城市政府没有资金和技术来解决费城的所有问题，许多倡议行动就只能由邻里组织、基金会和志愿者团体发起。在"大中心城区"各处，各团体已经聚集到一起，一同来解决学校、安全和公园等关切问题。

"北方自由"邻里的地图，标注了一些重要的地理特征。（迪鲁·A.沙达尼绘制）

　　"北方自由"邻里，一个 2/3 平方英里面积的地区，位于中心城区东北侧，那里的志愿者已接手了工业地产衰败和公园缺乏的问题。"'北方自由'行动委员会"，是"'北方自由'邻里协会"的一个分支组织，1994 年成立，以便接收一项两英亩土地的捐赠。这两英亩土地曾被一家制革厂和一家唱片制造工厂占用。这项捐赠的目的，是为了让邻里协会来修复土地上的建筑物，并赋予它们新的用途。然而，在此计划实施之前，城市当局将这些建筑物认定为危楼，然后将它们一一拆倒，留给邻里的，是一块瓦砾散落的土地，留给城市纳税者的，是因拆除成本和早已杳无踪影的工厂业主未缴税金而产生的超过一百万美元的留置权。

要不是周边居民的坚持，这里的情形很可能演化为一场灾难。一位艺术家，丹尼斯·霍，建议将这块地改成一座公园。另一位居民，杰西·加德纳，组织了志愿者，拿出了这个公园的设计。"北方自由"邻里，长期居住于此的居民珍妮特·芬格尔将之描述为一个自由的、不同寻常的社区，"从嬉皮士文化里走出来的一个社区"，是费城唯一没有市民公园的邮政分区。居民们很想要步行可达的绿色空间和休憩的地方。

得益于费城城市资源项目（Philadelphia Urban Resources Project）的一笔资助，以及居民们资金、服务和劳动力的捐赠，公园于1997年成形了。志愿者将其命名为"自由之地"。志愿者们在公园建成的头一年种下了60棵树，使这里成为一个社区花园。后来的数年里，他们种下了更多树木，设置了野餐台，外加一座药草园、一个蝴蝶园、一片大草坪，以及大大小小的社区活动。在公园附近一幢建筑物的墙壁上，丹尼斯·霍绘制了一幅题为"佛得电影院"（Cinema Verde）的画，这幅壁画捕捉描绘了此地从荒野到工厂、再到工业废弃地、最终到社区公园的整个演变过程。

1998年，在一位当地议员的施压下，城市当局正式免除了这块土地的留置权。自那以后，邻里协会名正言顺地持有了这座公园，同时也是管理方。"很明显，我们开始建造这座公园时，公园就以一种积极的方式，将人们聚集在一起了。"芬格尔说道。这座公园之所以重要，因为"它是一个物质空间，"芬格尔解释说："我认为我们的邻里真是独一无二；这种说法有点模糊，难以界定，但我可以带人们去公园走一走，一旦他们看到我们的建成状况，他们大概就能更好地理解我们了。"

在"自由之地"，并且大概率的，在费城其他每一个社区的改善工作中，个人的贡献各种各样，随处可见。"公园以同心圆的方式运作。"芬格尔说，"五到六个人，每周在'自由之地'上工作五到十个小时。还有一个 20 到 30 人的团队，他们不定期地到那里，我们也可以在需要时要求他们过来。另外还有一百到两百人，如果遇上某个特别需要劳动力的日子，他们也会来帮忙，一年中一到两次，他们很了解这个公园，如果有紧急情况，随时可以呼叫他们。"

靠近"自由之地"还有第二片新的绿地，奥里安娜山公园（Orianna Hill Park），包含一个社区花园、一块野餐区以及一个大型的狗狗乐园（按照邻里协会主席马特·鲁本的说法，是"这座城市里最大、最好的狗狗乐园之一"）。奥里安娜山公园由居民们建立的一个非营利组织所有，该组织拥有 600 多位成员。公园的使用者每年需捐款 50 美元。

鲁本，布林莫尔女子学院的一位教授，他自 2000 年以来一直住在一幢 1831 年建成的老房子里，房子在一条不到 7 英尺宽的街道上。鲁本见证了他在这里这些年中，这个邻里所经历的戏剧性变化。他说，"北方自由"邻里的人口数量在 20 世纪 30 年代达到巅峰，大约 17 000 人，1980 年时暴跌至大约 3 500 人，后来趋于平稳，然后到 2000 年至 2010 年间，又猛增了 60%。这十年中的增长，是费城所有邻里中涨幅最大的。当附近的老城成为夜生活的一个目的地，变得越来越吵闹、越来越昂贵时，许多人，特别是一些艺术爱好者，从那儿搬到了"北方自由"邻里。随着有孩子的已婚家庭和攻读研究生学位的学生的涌入，"北方自由"邻里的人口变得更加年轻了。目前，这里的居民，每五个中，就有两个介于25-34岁的年纪。该邻里的家庭收入跃升至城市平均水平的50%之上，白人数量增加了一倍多，非洲裔美国人的比例下降了。

建设大规模地展开。"北方自由"邻里最受关注的发展项目是施密特广场，一座横向伸展的七层楼高的混合用途建筑综合体，由塔尔投资公司于2009年在北二街开建，那里曾经矗立着施密特啤酒厂。这条街的对面，是该广场的姊妹项目，自由步行街区，一片三层楼高、四个街区长度的集合体，有公寓、商店、酒吧和室内外餐饮。

这个广场以轮廓突出的建筑环绕一片宽阔的开放空间为布局特征，

"北方自由"邻里的复兴，很大程度上归功于北二街与杨树街交界处的"标配"啤酒馆的开张。（迪鲁·A.沙达尼绘）

许多公寓有着可以俯瞰广场的落地玻璃墙（窗）。在这个广场上，已经举办过摇滚音乐会、跳蚤市场、瑜伽节和其他活动。人们在广场的露天大屏幕上观看体育运动节目，有时候则倚在躺椅上，沐浴日光。

塔尔投资公司为自己的"转型开发"而自豪，并声称，公司将"北方自由"地区建设成了一个"费城的生活、工作和娱乐之地"。[13] 当然，居民们确实很感激塔尔公司引进的 52 000 平方英尺的超鲜杂货商场，用鲁本的话来说，这是一项"没人想到过我们竟然能拥有"的便利设施。这座广场和"自由步行街区"把商业与活动吸引到了一个曾经满目疮痍、仅有空置与破败建筑物的地方。"整体理念，"塔尔投资公司的首席执行官巴特·布莱斯坦说，"在于创建一个 5 分钟社区。这里拥有如此多的元素——包括 12 家餐厅，在一间经过改造的机械作坊中的游泳俱乐部，以及像怪奇唱片（一家唱片店，兼折扣店）之类的零售商——以至于"你永远不需要离开这里"。如果真的要离开，步行不足 5 分钟就到了吉拉德站，在那里，人们可以搭乘高架列车、有轨电车，或者公共汽车。许多人盛赞布莱斯坦的开发也促进了其他开发商在附近的建设。

然而，也有人对这个项目心存疑虑。像鲁本一样的邻里居民，一直对开发项目中各种零售的随意混合以及商店"大规模的转手"感到不满。最初，塔尔公司向创意零售商提供租金折扣，后来，公司选择那些能够支付更多租金的商店，这项措施削弱了该项目的社区定位。[14] 广场的公寓租户也抱怨建筑物的维护和管理都不是很好。

商品供给也受到影响，鲁本说，原因是一味强调"酒品第一，食品第二，餐馆只是大型酒吧，一切都加紧朝着这个模式去做"。2013 年，广场被卖给了库什纳公司，大多数公众活动不得不中止，节目"隐藏

北二街上由塔尔投资公司开发的"施密特广场"中央公共空间,过去被吹捧为"北方自由"邻里内一个充满活力的人群聚集地,可大多数时候,当这里没有大型活动举办时,它让人觉得毫无生气。(菲利普·兰登摄)

的费城"的一位评论员抱怨说:"广场的公共空间长期得不到充分利用,到访这里的人,感觉更像是孤独的闯入者,而非一个充满活力的社区里的参与者。"[15] 因此,2016 年,库什纳公司将综合体重新命名为"施密特公共空间",并承诺举办各类公共活动,其中一些活动更多面向家庭。[16]

一个像施密特广场这样大规模的项目竟会令许多人不满意,这一点多么让人惊讶!20 世纪 50 年代以来,美国无数城市中都开展了"转型工程",旨在从根本上重塑邻里,彻底变革邻里形象。有些成功了,但更多的,则屈从于鲁本所谓的"单一文化"(monoculture),"被某种气氛所主宰"。衰败的地区确实需要新的能量,但在大部分情况下,更好的策略是以一种更加有机的方式工作，伴随较小的开发增量，并对邻里环境予以密切关注。

类似有机方式的案例不难找到。鲁本说，启动整个"北方自由"地区复兴的商业象征是"标配"啤酒馆，一家备受人们喜爱的小酒馆，位于第二街和杨树街的交界处，广场以南几个街区外，1999年底、新年前夕正式开张。小酒馆创始人威廉·里德和保罗·金珀特，翻修了位于一个显眼街角上的一幢建筑物。这栋建筑物远在1850年就曾开过一家酒馆，20世纪90年代后期，这幢建筑物就一直空置着，浸水受损，一部分屋顶都没了。"房屋状况十分破败，因为这我们才能够买得起。"里德告诉新闻记者戴娜·亨宁格。[17]里德和金珀特决定仅仅销售当地产的生啤酒，以此为特色，从12个啤酒品种做起。他们提供时令菜肴，采用来自这个区域的烹饪原料，舍弃了酒吧的常用设施，譬如电视屏幕等。"我们不希望它成为一家爱尔兰酒馆，或一家英式酒馆，或一家比利时酒馆，"里德说，"我们就想要它成为一家费城的酒馆。"鲁本说："'标配'开启了一股潮流，一股后来遍布整个美国城市的潮流，现在美食酒吧已成为饮酒用餐的一个稳定模式。"

继"标配"啤酒馆之后，其他商业也一个接一个地来了，大约两年之内，这个地区的发展就像滚雪球般快速增长，邻里地区到处都是餐馆、咖啡馆和住宅。不利的方面是，"北方自由"地区的人气飙涨导致房地产价格暴涨，使得里德和金珀特要在那里着手新的投资变得几乎不再可能，"所以我们决定把注意力转向费什镇"，一个东北方向的毗连邻里，里德说。2004年，他们在一个显眼的角落买下一家叫作约翰尼·布伦达家的酒吧，然后把它变成了一个酒馆、餐厅和音乐聚会的地点，拥趸

　　"提神之物"咖啡屋，占据着费什镇一幢老砖构建筑的楔形端头，是可步行到达的
众多聚会场所之一，这些场所正在提升费城各邻里的社交性。（菲利普·兰登摄）

众多。此后几年里，费什镇一些小小的临街店面房开出了很适合该地区的新商业，比如一些小的街角咖啡屋，像"提神之物"咖啡屋，给这个邻里安静的地区提供了全新的聚会场所。

"北方自由"地区显示了两种互成对比的做事方式、开发的两种面貌。一种是由集中的私人资本建造的大型项目，以"施密特广场"为代表；另一种是规模较小、极需耐心的艰辛推进，这其中包含创业者的努力，更多则是社区自身的工作，这种方式的主要样本是"自由之地"公园。通常来说，第二种发展方式的面貌才是一个让邻里深感满意的类型。当然也可能，在某些邻里，即使起初采用有机发展的方式，最终还是会导向大量性的开发。"无论如何，社区不会一成不变。"芬格尔认识到这一点，但她也指出，有机发展的方式"至少让社区觉得，正在发生的事情是他们自己行动的结果"。

"北方自由"邻里成功转型的关键是那些具有公民意识的人，他们搬到这个邻里居住，并投入其中，年复一年。鲁本谈到邻里协会时说，"我们有几分倾尽所能的意思，"包括种树、负责人行道与路边的清洁，"那些政府不再履行的职能，我们自己来做。"邻里协会担当着一个居民信息中心的角色，为社区成员提供一处能就分区规划和发展议题表达意见的场所。

"北方自由"邻里的表现，鲁本说，像是一个"都市村庄"，人们在这里相互认识，许多他们想去的地方，都可以步行到达。"北方自由"邻里靠近中心城区，但又恰好足够远离市中心的喧嚣，"大家彼此都认识。"鲁本说。人们选择在"北方自由"这样的地方定居下来，"因为它们是可以步行的，"鲁本评论说，"适于行走是桩大事。"

东帕塞克的崛起

距离"北方自由"邻里以南不到两英里，是另一个地区——东帕塞克大道商业走廊——这里也经历了改变。东帕塞克，一个于 20 世纪 80 年代、90 年代丧失了大量活力的邻里，当时这里的许多意大利裔美国居民搬去了新泽西州，或是其他地方，现在则变成了一个区域性的美食目的地，一处对新居民有吸引力的地方，新居民以年轻人为主。

几十年来，这条沿对角线贯穿切割城市方格网的大道，以费城南部两家著名的奶酪牛排三明治的竞争而闻名，基诺牛排和帕特金牛排。两家的奶酪牛排三明治商店仍在那里，隐映在闪耀着的霓虹灯灯光下，同样情形的还有披萨店和老式意大利餐馆。此外，引人瞩目的是，这条大道又有了更高的烹饪水准。

餐馆的复兴始于 2005 年，当时，林恩·里纳尔迪在此开设了一家使用白桌布的餐厅，强调使用超新鲜食材制作意大利地区风味的美食。里纳尔迪在这个有着联排住宅的邻里中长大，这些联排住宅绝大多数高两层，宽 14 英尺，进深 32 英尺。里纳尔迪通过经营宾夕法尼亚美术学院的咖啡厅，以及在一家当地餐馆学校学习来形成她的生意经。接手东帕塞克大道靠近塔斯克街的一家家具店后，在父亲丹·里纳尔迪的帮助下，她翻修了商店，将其改造成一家漂亮的餐馆，命名为"天堂"。[18]"我们在烹饪中要用的大量食物原材料，都是自己种的。"她对每一个对餐馆感兴趣的人说，"在屋顶上，我们有个菜园。"

2009 年，林恩·里纳尔迪和她的丈夫科里·贝弗又开了一家餐馆——

一家当代日本餐厅，命名为"和泉"——就在半个街区之外。这两家餐馆的开张，给其他雄心勃勃准备在此开设餐馆的老板们极大的信心，也推动了这条大道从此进入费城餐饮目的地的上流等级。"顶级大厨们来这里了。"萨姆·谢尔曼说，谢尔曼领导着非营利组织"帕塞克大道复兴社团"，直至 2016 年。

受人欢迎的餐馆可以让一个邻里的名字被标注到地图上，受人瞩目，其他生意也能扮演这样重要的角色。"论到对二十几岁人群的吸引力，谁若忽视了酒吧和咖啡馆的重要性，谁就犯了大错。"说这话的是戴维·戈德法布，2005 年，他 24 岁，初次来到东帕塞克地区，"几乎所有适于步行的居住邻里中，都散布着酒吧。"在吸引大量周边消费者这点上，酒吧常常比餐馆更加有效。如果管理得当，酒吧可以为其周边环境注入新的活力。在这个意义上来说，酒吧就像咖啡馆，而且极具地方气息。对东帕塞克来说，两家重要的酒吧是洛斯卡巴利托斯酒吧，和天堂餐馆大约同时期开业，另一家是东帕塞克酒吧，一年后开业。

戈德法布这样总结类似东帕塞克邻里的优点：

> 生活在一个密集的环境里，意味着无需小汽车的通勤方式，少压力、少费时间到达工作地点。它是一种更大意义上的社区意识和伙伴关系，当你走过一个地方，偶然地遇上了一个邻居，这种意识和关系就自然而然地产生了。它也是一种对商店、酒吧、餐馆以及它们的店主及其雇员们的依恋情感，时不时地，即使我并不打算买东西或进去用餐，我也会在餐馆或商店门口停下来，打声招呼；它还是一种紧凑的生活方式，减少对环境

的影响。对我来说，它归根结底就是这个：你用脚步丈量的地方，是一个你了解和喜爱的地方。

说到未婚妻，他说："很难想象我们的恋爱期，如果没有在其中闲逛或散步就可以到达的咖啡馆、酒吧和餐厅，还有那些早期约会常常会去的地方，那该怎么办。"

　　PARC 推动在邻里开业的零售店中，有一家是 1540 五金店，位于东帕塞克大道和十字街的拐角处。（迪鲁·A.沙达尼绘）

有些人可能认为，既然许多人在网上寻找恋人，应该就不那么需要酒吧和咖啡馆了。根据戈德法布的说法，情况并非如此。"线上约会反而使那种并不一定产生火花的初次会面机会增加了，因此在一个轻松随意且便利的地方见面，也就变得更重要了。"他解释道，邻里的消遣场所是两个近在咫尺的陌生人可以面对面变得熟悉起来的地方。

戈德法布还指出了另一个原因，千禧一代喜欢住在可以步行到达酒吧和小酒馆的邻里，"因为对这一代人来说，酒后驾车在社交上已变得完全不能接受了。"他说道。

非营利的帕塞克大道复兴社团（Passyunk Avenue Revitalization Corporation, PARC）大大促进了餐馆和零售商店的蓬勃发展，该组织购买空置建筑物，将其翻新，并长期管理它们，引入餐厅、商店和其他商业功能来填满建筑的地面层。较高的楼层，其中有一些曾衰落到只能用作储藏空间，现在被 PARC 重新整修，当作公寓出租。PARC 将租赁物业的收益，投入到清洁、绿色空间改善、清除涂鸦和举办特殊活动上。

PARC 竭力追求一个有效的业态平衡，一种混合，不仅是餐馆和咖啡馆的组合，而且是像五金店类型的各种服务业的混合。对那些有前景的企业，则给予相对低廉、可负担得起的长期租约。由于 PARC 拥有数量可观的建筑物，他们就有了租约决定权，可以要求商店在夜间及整个周末保持营业。这里的零售商于 20 世纪 80 年代衰落，一个原因就是许多商店关门很早，这种做法自客户以家庭主妇为主时产生并延续下来，家庭主妇们通常在工作日的早晨和下午购物。[19] 在夜间和周末保持营业，对于今天的大多数商家来说，是成功与否的关键因素。

歌唱喷泉，东帕塞克大道上一座广场的主要特色。（迪鲁·A.沙达尼绘）

　　在由东帕塞克大道、塔斯克街和南十一街形成的三角区内，PARC
种植了树木，安置了新的长凳，还翻新了"歌唱喷泉"，喷泉里设置的
扬声器中，传出法兰克·西纳特拉①的歌曲，歌声缭绕空中，喷泉因此得名。
"在这里，你会看到老年人在下棋，年轻母亲在照顾婴儿，每周一次的

---

① 法兰克·西纳特拉（Frank Sinatra，1915—1998），美国歌手和演员，被公认为20
　世纪最伟大的音乐艺术家之一。——译者

农夫集市上，尽是阿米什人。"一个人在 Yelp 网上这样发帖，对广场赞赏有加。[20] 日落之后，广场的活力依旧。谢尔曼说："午夜时分，我看到八十来岁的老人还坐在喷泉旁。"

停车的需求——对于餐馆来说，总是一项挑战——通过在沿大道的几个街区引入灵活的代客停车服务而得以满足。一个顾客可以在某家餐馆门口下车，餐后则到数个方便的地点中的任何一个去取车。

东帕塞克教给我们的一个经验是，一家以社区为基础、拥有重要资源的组织，不仅能够使得一条商业走廊复苏，而且能够确保基本的邻里服务型业态成为复兴的一部分。其他邻里——不论是费城还是别处——东帕塞克的经验都可以拿来应用。并不是说，启动这种复兴所要求的资源不重要，或非常少就可以，而是说，只要想象一下，如果基金会、慈善家或者政府能挺身而出，提供种子基金，或者各州从那些不光彩的企业，例如赌场赌博业中，分流一些他们的收益，进入邻里非营利开发团体。类似想法值得好好研究一下。[21]

一个适合所有人的邻里

这个邻里得益于广泛的交通连接设施，包括一条通往市中心的短程地铁。丹·波利格，30 多岁，骑自行车上下班，9 分钟的骑车路程，其中大部分在自行车道上，街道上的自行车道不久前刚漆好。"这个邻里是美国骑自行车上下班人口比例最高的邻里之一。"他说。康迪丝·格洛普，一个医生，嫁给了戴维·戈德法布，她从他们夫妇购买的歌唱喷泉附近的 930 平方英尺的联排住宅出发，骑自行车或乘地铁去费城儿童医院上班。至于搬到这个邻里的理由，她提及了餐馆，这是"新能源"，还有一家杂货店，以及其他在步行可达距离内的基本设施。

较大年纪的人群也在搬往那里。埃德·赞佐拉和帕姆·赞佐拉夫妇俩，埃德担任国际商业主管期间曾住在香港和东京，退休后，他们曾定居在宾夕法尼亚州的霍舍姆（Horsham），他们曾以为在霍舍姆拥有一间温室，然后花时间种种兰花，这样的生活会很充实；但结果是，帕姆说，"我们在郊区无聊透顶。"有一天，埃德步行穿过他们那个有着150户人家的住宅区，只遇到了四个人，于是他做了一个决定，是时候搬到一个更热闹的地方去了。东帕塞克地区最近建了许多大房子，他们在一个叫作帕塞克广场的片区里，找到了一座面积为3 400平方英尺的半独立式房屋——大得足够消遣娱乐了。

这对夫妇现在靠步行到文化类的目的地，像南大街上的基梅尔表演艺术中心，他们也常常在邻里中散步，不停遇见他们认识的人。"如果没有人问候我一声'最近过得怎样'的话，"帕姆说，"我连家门都不想出。"

以前的房主正在向育有小孩的年轻夫妇出售他们的住宅。这个变化是"非常有秩序的"，谢尔曼说道，"我们没有在费城其他地方逐渐发生的种族与阶级的戏剧冲突。"新来者们正在做出贡献。帕姆·赞佐拉，在摆脱了霍舍姆的单调乏味后，他被选举为"帕塞克广场市民协会"（Passyunk Square Civic Association）的会长。

丹·里纳尔迪，林恩的父亲，现在已是八十出头，看着邻里的发展轨迹，给予了一个祝福："这真是再好没有了。以前，这里都是意大利人，现在更加多元了。"谢尔曼认为，由于大多数美国人的收入长期处于停滞，越来越多的人将定居在可以步行的邻里中。"我们不再富裕，"
他说，"这就是未来：像东帕塞克的人们那样生活。"

东帕塞克大道的人行道上铺装的圆形图案。（迪鲁·A.沙达尼绘）

西南中心城区

　　传统上的"费城南部"，西北头上的那一片区域，经历了不寻常的
起落。这个地区——从南大街向南延伸、介于宽街和斯古吉尔河之间的
大约12个街区——今天有三个不同的名字：西南中心城区，研究生医
院（为了向1916—2007年间运营的一所医院致敬），以及南部之南。

　　这个邻里于19世纪60、70年代迅速发展起来，到了19世纪末，
这里满是两层高的工人阶级联排住宅，更豪华些的三层联排住宅，大的
独户住宅以及其他类型的居住建筑。各种各样的住宅里容纳了三教九流
的非洲裔美国居民，从体力劳动者到商人、音乐家、教师和医生都有。

朱利安·F. 阿比尔，一位黑人建筑师，以他为费城艺术博物馆和主线①上的房地产的设计工作而闻名。他住在基督街，在南大街以南八个街区，具有时代开创性的歌唱家玛丽安·安德森（Marian Anderson）1897 年就降生在这个邻里。

20 世纪 30 年代，这个邻里有大约 27 000 稳定的人口，但是二战后，由于购房信贷歧视和其他重负，最富足的非洲裔美国人开始迁往这座城市更偏远的地方，或是彻底搬离费城。市政官员认为这个地区已衰败，因而在 20 世纪 60 年代早期，城市规划委员会决定，以穿越市区的高速路取代南大街的一段 2.6 英里的长条街道，这条高速路也是讨论中的环中心城区高速公路网中的一条高速连接道。[22]

经年的争论之后，穿越市区的高速公路提案作罢。然而，多年的悬而未决，已使得这条走廊加剧衰退。这条走廊曾有商店、住宅、医疗设施和其他建筑物的混合。随着房屋弃置率、失业率及犯罪率全都上升，到 1980 年时，这个邻里的人口已骤然跌落至 12 000 余人。在那期间，许多联排住宅被夷为平地。

大约 1980 年左右，一股相反的潮流出现了：白人人口开始增长。"在一个多元、便宜、有质感的地方生活，这对很多白人来说具有吸引力。"安德鲁·达尔泽尔说，他承担着"南部之南邻里协会"（South of South Neighborhood Association, SOSNA）社区组织者的工作。20 世纪 90 年代

---

① 费城主线（Philadelphia Main Line），简称为主线，是宾夕法尼亚州费城郊区非正式划出的一块历史区域，沿宾夕法尼亚州铁路局曾经负有盛名的主干线分布，从费城中心城区向西北伸展，与兰卡斯特大道（Lancaster Avenue）和美国 30 号公路平行。——译者

中期，詹妮弗·赫莉，一个白人，从布林莫尔女子学院毕业不久后，在二十二街和凯特街之间租了一套公寓，就在南大街南边。靠近费城中心的生活吸引了她，但也有风险，"太不稳定了，夜里八点钟之后，我独自一人在附近走路时，感觉特别紧张。"赫莉回忆说。

21 世纪伊始，中心城区的复兴"使得该邻里对于年轻的专业人士来说越来越有吸引力"。达尔泽尔在他关于西南中心城区历史的著述中这样写道。该邻里非洲裔美国人的人口份额——1980 年为 91%，2000 年降至 72%，2010 年降至 32%。90 年来第一次，中心城区的总人口数量

格雷斯轮渡三角区（The Grays Ferry Triangle），南大街、二十三街和格雷斯渡口大道在那里相交。这个地区由"南部之南邻里协会"（SOSNA）再开发，成为颇受欢迎的一个聚集场所。该协会确保了这个场所的一种"篝火风格"，座位围绕着一个富有历史感的喷泉设置，这座喷泉 1901 年为马匹设置，方便它们饮水解渴。（菲利普·兰登摄）

上升了。[23]

这个变化是"绅士化"（gentrification）的过程吗？这个词，可追溯到英语术语"绅士阶层"（gentry），但这个词造成了一种理解上的障碍：它在根本上错误描述了许多正在迁入老的都市邻里的美国人的特征。从历史来看，在英国，绅士阶层是土地所有者，他们从祖先那里继承财富和社会地位，认为自己优于以劳动谋生的人。绅士阶层并非社会结构中的最高层，不像公爵、伯爵以及其他贵族出身的人，绅士阶级成员没有世袭头衔和家族纹章，但他们的确拥有非常重要的东西，即乡村地产。通常情况下，这些地产是如此庞大，或者说，非常有价值，地产所有者通过管理自己的土地就可很好地生活，没有必要再做其他的工作维持生计。许多绅士完全靠管理佃农的租金收入来生活。

而在美国的城市里，同样情况的人难以找到。那些被称为"士绅"的人，他们的行为方式并不像乡村地产的主人。大多数在复兴中的邻里购买住房的单身者和夫妇，都必须工作以维持生计，而且他们通常都得在工作岗位上长时间投入。在他们开始自己的职业生涯前，先得完成多年学习的情况，也不罕见。他们的身份是技术人员、企业高管、餐厅老板、厨师、医生、护士、助理教授、建筑师、企业家、教师、作家、艺术家等等，绝大部分人走到这一步，都不是轻而易举的。"绅士化"这个术语，并不能清楚地说明都市的状况。

一个比"绅士化"更加有用的术语是"人口替换"（displacement），这一术语着眼于现有居民是否是被迫迁出的，这些迁出的居民是些什么人。显然，高收入的新居民搬进不贵的地方，从而抬升了这个地方的住房价格时，一些低收入人群就离开了。西南中心城区就是这样一个地方，在那里我们能够好好考察，看看经济的发展使这里发生了什么变化。

"总是听到人们说，居民'被施压而搬离''被强制驱离'，或是被'排挤出'他们的邻里，"达尔泽尔在其关于西南中心城区历史的著述中写道，"某些情况下，这的确是事实——租金的中位数从1990年的283美元飞涨到2010年的接近1000美元。某些（但不是全部）住房市值和房产税也已经上涨。在其他的情况下，掠夺成性的房地产的通常做法蒙骗了弱势群体。"但是，他指出，"2010年人口普查数据记录了一场全国性的'黑人迁移'（black flight）趋势（类似上世纪的'白人迁徙'现象），黑人群体从城市的中心搬迁到了郊区和南方地带。许多人从他们老住房的市值膨胀中赚到了钱，然后搬到了他们的亲戚朋友聚居的地方。"

默里·斯宾塞，一位六十出头的黑人建筑师，1976年起就住在这个邻里，大部分时间他住在一幢三层联排住宅里。他购置的这个住宅在基督街上，位于基督街YMCA①对面，这家YMCA是费城第一个拥有自己大楼物业的黑人YMCA。十几岁的年轻人威尔特·张伯伦曾在那家YMCA的篮球场上表现出挑。斯宾塞说，他刚搬到基督街的时候，"这个街区是百分之百的非洲裔美国人，住房存量里大约75%是出租用的，那时这里的状况相当好。"

"我那时就很喜欢这里，"斯宾塞说，"我可以步行或者搭乘公共汽车去宾夕法尼亚大学，穿过南大街桥。"西南中心城的部分地区那时

---

① 　Young Men's Christian Association 的首字母缩写，基督教青年协会。——译者

正饱受帮派暴力之苦，但他所在的基督街地段并不在其中。曾经发生过这样一桩事，算是个小插曲，有人举枪顶着斯宾塞和他的一位表亲。但是总体而言，斯宾塞说："我没有感到不安全。如果你自己没有什么错，麻烦不会找上你。"

话虽这样说，附近的公立学校还是不够好，所以斯宾塞和妻子把一个儿子送到了一所天主教学校，另一个孩子则送到附近一所表现更好的公立学校。在斯宾塞的职业生涯活中，他常常为生活在中心城区或其他城市邻里的人设计房屋，也为那些搬出去的人设计房屋。这些

过路人正在观赏南大街上的费城魔幻花园（Philadelphia's Magic Gardens）。以赛亚·扎加尔（Isaiah Zagar）用自行车车轮、彩色瓶子、手工制瓷砖以及其他许多物品制作成一面墙体，这面墙是一所非营利的艺术环境及社区中心的正面墙体。扎加尔和妻子茱莉亚通过他们的艺术，为"南大街复兴"做出了贡献，也帮助复苏了一条走廊。这座城市曾为了建一条高速路，一度规划想要推倒这条走廊。（菲利普·兰登摄）

人搬出去，是因为他们的孩子没有像斯宾塞所说的那样"'中彩票'，未能进入附近几所有着高水平或较高水平教师的公立小学"。搬迁出去的非洲裔美国人中，斯宾塞发现了两种有区别的迁徙模式。第一种模式，年纪较大的黑人主要去了南方，和他们已成年的孩子住到一起，或是转移到更适合退休生活需求的较小的住宅里。第二种模式，部分低收入的租赁住房的黑人持续性地往更便宜的地方搬迁，比如微风角（Point Breeze），紧邻南部的一个邻里，在复兴和改造周期中，它比西南中心城地区滞后了好几年。

　　由此产生的结果是，大约自 2015 年起，斯宾塞所在的街区，占主导地位的已经是白人和房产自用的业主，一些出租地产则被改建为共管公寓。"我为我的房屋支付了 24 000 美元，"斯宾塞说，"但它现在价值 30 万美元。"埃德温·M. 斯坦顿小学在斯宾塞所在的街区，所招收的学生中，85% 是非洲裔美国人。"它已经变成了一所好学校，"斯宾塞评论道，"许多新住户开始把他们的孩子送到那里。"斯坦顿小学的家长参与度也上升了，这大大提升了学校的成绩。斯宾塞指出，新近搬来这个邻里的家长筹集资金，补充学校的预算，并说服企业向学校捐赠电脑，这些积极的行为，既让白人也让黑人从中获益。"在我的邻里，和人们抱怨这座城市整体性的教育不同，这里的人普遍对学校是满意的。"斯宾塞说。

　　2013 年，达尔泽尔写道："犯罪率下降了，暴力犯罪更是极其罕见。"他将西南中心城描述为"充满活力的，欢乐随和的，社区意识浓厚的"。新居民出于各种原因搬到这里，其中的很多原因就是可步行性、方便性和相对可负担性。

2014年的一个夏夜，我在一个邻里协会的筹款晚宴上驻足，地点是在格雷斯轮渡三角区，位于南大街、格雷斯轮渡口和第二十三街的接合点。多亏了"南部之南邻里协会"的努力，该三角区已经发展成为一个宜人的户外聚会场所。在那里，一位年轻女性詹妮弗·里奥波特告诉我，她很被这个邻里吸引，因为"一切都是那么具有可达性，在这里，我找到了杂货店、酒类商店、公园、娱乐场所，"她说，"我需要的一切，都在六到十个街区的范围内。我丈夫有辆黄蜂牌小型摩托车，我有辆自行车，我一直骑自行车，这是我的主要交通方式。"她的丈夫，杰夫·里奥波特，一个在费城外面长大的平面设计师，他对所需东西近在咫尺、长距离通勤大大缩短这两点很满意，"我可不想在小汽车里坐一个小时，"他说，"哪怕火车坐一小时也不行。"

费城共有42条公交线、5条有轨电车线、3条地铁线、13条区域火车线以及美国铁路客运公司（Amtrak）开设的"东北走廊"铁路服务，这些加在一起，足以说明为什么只有28%的中心城区居民开小汽车上下班，另外44%的居民步行或骑自行车上下班，20%的人使用公共交通。[24]许多人抱怨公共汽车班次不够，车厢过于拥挤，但好在公共汽车仅仅是多项选择中的一种。"我觉得，这个邻里已经中产阶层化，一个原因在于，"茵嘉·萨弗容说，"等15分钟等到一班宾夕法尼亚州东南地区交通局的公共汽车，这只是一种选项，你也可以骑10分钟自行车到达那里，你可以很好地掌控。"骑自行车能让骑行者深度介入城市环境，一般来说这是一个大优点，另外，在狭窄的街道上，小汽车为了骑行者的安全，通常车速会足够缓慢。

布莱恩·劳森，50多岁的有线电视公司高管，他告诉我，到费城康卡斯特公司① 的总部工作之前，他在达拉斯、堪萨斯城和迈阿密都住过——"开汽车的大城市"。他抓到机会逃离了那种生活方式，起初在华盛顿广场租房住下，距离康卡斯特公司一英里多一点，而后在华盛顿大道附近买了一座宅子，位于西南中心城区的南部边界，距离他的办公室大约 1.5 英里。他的房子面积 1 200 平方英尺，不到他在堪萨斯城的房屋的一半大小。

　　并非都一帆风顺。劳森说，他刚到那里工作时，"我的房子六个月内被人破门闯入了两次。"附近垃圾扔得到处都是，也让他备感困扰，劳森说，所以"我曾每个周末都花好几个小时去捡垃圾"。一些在这里住了很长时间的邻居，认为他没有必要自己去清理环境，他们告诉他，"这应该是市政府的活。"可是，这座城市财政上备感压力，财政预算根本不够去履行清洁的职能，因此劳森觉得，他就靠自己来改善环境。看到哪里需要一个垃圾桶，他就在那里设一个。"那条街对面是座一个街区长度的仓库，出售工业用品，"他告诉我，"我在他们地产范围内的一根电话杆上拴了一个垃圾桶。"随着时间的推移，一些长期居住于此的居民加入了清理运动。"我们为一位 90 岁的老人准备了一把扫帚，他要去外面打扫街道和人行道。"劳森说，"你只能咬紧牙关，尽你所能地让环境变得更好。"

　　旧时的粗野喧嚣并未完全散去。当一场室内的争吵打斗突然发展到人行道上的时候，劳森报了警，一个男子为此对他大发雷霆。"这个地方还是有一种粗粝的感觉，"劳森谈到这个地区的某些地方时说，"像

---

① 　Comcast，康卡斯特公司，美国最大的有线电视传输和宽带通信公司。——译者

华盛顿大道对面的那个邻里，它是一个街区连着一个街区。"不过，就在他附近，四幢住房，也可以说是四个地块，曾经处于空置状态，现在都已被使用了，"这里不再有空置的物业或废弃的地块。"劳森说。

在劳森看来，个人参与，对一个被忽视的地区转变为一个安全、适合步行的邻里来说，是至关重要的。每个新加入的居民都要考虑，怎么做才有成效。"我们刚搬来的那会儿，我们和每个人都打了招呼，"劳森说，"面对面地交流。"那个用扫帚的 90 岁老人现在怎么样了？"我们请他吃了一顿味道鲜美的感恩节晚餐，作为致谢。"劳森说。一位年近九旬的女士向劳森寻求帮助，"过去六年我一直在帮她支付有线电视服务的账单，"劳森说，"现在她再也不用来敲我的门，说'我的电视坏了'。"

"在这里，真的可以看到收入的悬殊，看到收入差别带来的影响，这种影响体现在小孩如何被抚养长大，比如我小时候的境况和这里的孩子非常不同，天壤之别——这种差别，大多数美国人是没有机会看到的。"劳森继续说，"讨论这个话题很难，但你又真真实实地在这里看到这种差别。我开始以一种全然不同的方式待人，我再不是以前那个在事业上一路狂奔、能量十足的生意人了，我开始花时间去倾听别人。曾有一个孩子想去念社区大学，我帮他填写经济援助表格。这是一个艰难的平衡行为。你想让自己跳出这里的圈子，有所贡献，但是你又不想走得太远，做得太过。"

为避免自己的故事听上去好像他在西南中心城的生活是一味地自我牺牲，劳森很快指出他所做一系列事情带来的益处，"在这个邻里，我很喜欢的事情有：当你沿着街道步行时，总会遇到认识的人。我们很少去食品商店购物，我就在家和康卡斯特公司之间的各个小店里停留，买一些准备当晚要吃的带回家。"他说，"我们去意大利市场，"一座老式的露天市场，在东面不远的一个邻里里面，"我每天走路上班，过去八年中，我没有开过车。"

有一天，我在格雷斯轮渡三角区遇见了《费城探察者》报社的萨弗容，和她一起向南走了一段，看看大多数两层到三层高的联排住宅夹着的狭窄街道。我们经过时，那些坐在门口平台或在家门前休息的非洲裔美国居民向我们问好。"费城是非常有邻里气氛的一个地方。"萨弗容评价说，尤其是黑人，他们总是对路过的人打招呼问好，哪怕对方是陌生人。许多千禧一代不习惯在街上跟人打招呼问候，而这也是他们和某些黑人产生摩擦的一个缘由。

从另一个角度来看，千禧一代的无知无觉正是种族关系紧张程度已经弱化的一个迹象。"我们正在克服有关种族的一些问题，"萨弗容说，不同于前几代人的是，"千禧一代根本没有意识到种族间的紧张气氛。"种族间的恐惧和敌对情绪是造成这座城市衰败的基础，如今尽管种族摩擦尚未完全消失，但已经减弱，这使得城市生活内在的强大吸引力得以重现。整个美国广泛报道的警方杀害黑人的事件，以及"黑人的命要紧"（Black Lives Matter）运动呈上升势头，这些情况引发再度的敌对情绪是可能的，但是到目前为止，种族关系紧张程度仍然比20世纪60年代时的情形好得多。

新来的居民加入各种组织，以改善西南中心城邻里。詹妮弗·里奥波特列举了由"南部之南邻里协会"（SOSNA）及其他团体发起的项目，"协会每月组织一次清洁活动，我们还为在一个拐角设置垃圾容器而发起众筹。我们做了大量调查，知道大部分垃圾去了哪里。这里有两所小

　　西南中心城的切斯特·A.亚瑟学校的一个操场将被改造成一个用于教授科学、技术、工程和数学的户外空间，这要归功于FOCA组织的筹款活动。在这张摄于2016年7月的开工仪式的照片中，志愿者团体主席艾薇·奥莱什，右起第三位；该团体校园委员会的联合主席迈克·伯兰多，最右侧。（FOCA提供照片）

学初中八年一贯制学校①要求学生们从事社区服务，我们就给他们提供垃圾收集器。"

　　艾薇·奥莱什和她的丈夫马特被这个邻里的多样性、到中心城区的方便可达性以及类似斯古吉尔河小径这样的公园的临近性所吸引，

---

① 　K-8 schools，美国的小学中学学校，从幼儿园学前班(5-6岁)开始招收学生，贯通8个年级(直到14岁)，结合小学和中学的教育。——译者

于 2007 年在西南中心城区买了一栋新建的联排别墅。"我们很快就发现，邻居们都在积极参与到让这个邻里成为一个好地方的努力之中，我们很兴奋，也想做更多。"艾薇说。在数月之内，奥莱什夫妇组建了一个志愿者小组，这个小组已经种植了三百多棵树木。2009—2010 年间，他们发起成立了"切斯特·阿瑟①之友"（Friends of Chester Arthur，FOCA），这是一个帮助切斯特·A.亚瑟学校的志愿者团体。凯瑟琳街上这所以低收入学生居多的公立学校，招收从幼儿园到八年级的学生，其中 72% 是非洲裔美国人。FOCA 进学校组织日常辅导，支持课后俱乐部，并说服奥林公司分文不收地为操场制定一个概念性总平面规划。[25] 奥林公司是这座城市里非常领先的景观建筑设计公司之一。FOCA 随后付费请绍特设计工作室将总平面方案变成施工建设图。

费城学校系统的资源很紧张，因此志愿者们四处动员，筹集了 170 万美元，款项来源中，包括威廉·佩恩基金会、费城水务局、富国银行和社区本身——这笔钱将用于全面改善学校场地，还有同类型场地中第一个用于教授科学、技术、工程和数学的户外空间。这个项目中具有突破性的最大部分，已于 2016 年 7 月开工了。

"许多新来的家庭真正是支持学校，"南部之南邻里协会（SOSNA）的执行董事艾比·兰博说，"他们希望自己的孩子去邻里的公立学校，而不是舍近求远。"许多家长在自己的孩子还未达到幼儿园入园年龄时就加入了 FOCA。奥莱什夫妇就是这种情况。他们的儿子布罗迪于 2016

---

② 切斯特·艾伦·阿瑟（Chester Alan Arthur，1829—1886），美国第 21 任总统。——译者

年秋季进入切斯特·阿瑟学校的幼儿园。

通过 SOSNA，该邻里创建了小型公园和游戏区。这些积极行动给所有种族和各种收入水平的人都带来了好处。非洲裔美国人中有一些不满情绪，因为随着较高收入的白人群体搬进来，许多出租物业已转为自有住房，租金也已有所上升。"我们现有推进的政策常常更多针对自有住房房主，而不是租房者。"SOSNA 最年轻的董事会成员、有着黑人和波多黎各血统的伊维里斯·克鲁兹说。克鲁兹希望在该组织内代表租户人群，帮助减少摩擦。"我正在努力做更多的外联工作，"她说，"努力打破人们之间的隔阂。"

抗争的态度

眼下，费城最大的分裂可能并不在种族方面，而可能在于是否以建筑物、街区以及邻里的塑造来支持一个适于步行的生活方式，在于变化自身。大中心城区已经稳步迈向紧凑、相对密集的生活，通过步行、骑行以及公共交通连接各处。随着气候变化、肥胖以及缺乏体力活动等问题产生的影响越来越受到关注，这种健康、低污染的生活方式的优势也就逐年凸显。当然，与不同的费城人攀谈却听不到关于停车、建筑高度以及功能混合的争议，那是不可能的。

许多上了年纪的人，习惯了拥有汽车，驾驶汽车，仍然坚信，在他们自己的街区，以及他们要去的绝大多数街区，充足的停车位绝对是必需的。他们反对任何不包含足量街边停车位的开发项目。大中心城区的年轻人普遍都能理解，为了创造一个适合步行的社区，不得不降低车库的重要性。少建车库，而且要将车库设置在对街道和人行道气氛损害最小的地方。这些居民认识到，一组联排别墅前一线排开的车库门，会使街道黯然失色。当年轻人和城市设计师呼吁减少新住宅开发中的停车位时，上了年纪的人则会抗议，担心他们自己的街区会被车辆停得满满当当。或者说，就像埃德·赞佐拉认为的，年长者抗议是因为，归根结底，他们害怕改变。

在西南中心城，更加当代的思考者提议，允许在格雷斯轮渡三角区西侧的空地上建造较高的建筑物。这个显眼的交叉路口是建造高出周边一层或两层建筑的合理地点。如果一座城市打算通过建造稍微高一点的建筑来满足不断增长的对适合步行邻里的需求，那么最好将高的建筑建在十字路口，而不是随意分散在各处。不过，一些上了年纪的居民对此表示反对，最终阻止了三角区建筑高度的上升。

西南中心城也有和其他社区一样都有的新想法，认为聚会地点可以巩固邻里的连接性，但并非所有居民都赞同。例如，年轻居民赞成应该允许一家叫作"边车"的小酒吧的顾客在外面人行道上用餐。"边车"曾经是一家喧闹的小酒馆，近年来已经变得更安静，更有秩序。然而，年纪大的居民们，自酒馆制造混乱的年代时就知道这个馆子，所以就倾向于认为，既然这家酒吧曾经是麻烦的源头，那它将永远是麻烦的根源。他们反对在人行道上用餐。

未来的趋势是，针对那些有效的城市提议的抵制，将逐渐减弱。随着大中心城区变得更加适合步行、安全、随和友好，一个以行人为导向的城市环境，其优越性将赢得更多怀疑者的支持。较年轻的一代将是胜利的一方。"整整一代人想要来这里，"中心城地区的保罗·列维说，"十八九岁和二十几岁的青年都为他们自己可持续的生活而自豪。他们想要骑自行车，而非买一辆小汽车。生活在这座城市里，你不需要小汽车。这是一场巨大的文化变革。"他总结道，"这远远超出了一时的心血来潮。"

　　物质性的变化——公园、聚会场所、混合用途开发项目、更高的建筑物——势必会被越来越多地引入到各个邻里。大家都想住在中心城区，或其附近，但房产价格的上涨打消了他们的念头。中心城区边缘的邻里之所以吸引人们投注如此多的精力和热情，主要原因是，它们恰当地拥有了某些基本的东西——比如建筑物相对于街道的关系，而且它们比中

　　人行道上用餐已经蓬勃发展起来，如图所示，这是云杉街和南二十街的情景。中心城区变得更加安全，反过来又增加了许多邻里街道的宜人品质。人行道靠路缘外侧是一条自行车道。（菲利普·兰登摄）

心城区便宜。寻找步行环境的人们已表示出向外、在更远一些的地方定居的意愿。赫利观察到，"我可以按照朋友们购买房屋的时间，画出他们置业的地点图。"买得越晚的人，住得也就越外面，离中心城区越远。

那些使得"北方自由"、东帕塞克和西南中心城活跃起来的策略，同样适用于已经拥有良好基本结构的邻里。很大程度上，保持大中心城区价格合理、具备可负担性的关键在于，把这座城市其他地区的邻里变得像中心城区一样宜居。

一站式市场和熟食店
布拉沃咖啡馆
"罗密欧与凯萨"美食店
东岩药房
橘树街市场
东岩咖啡馆
尼加拉瓜市场
罗密欧咖啡馆

望景街
东岩公园
小柏庄街
柳树街
惠特尼大道
53中步行街
橘街
爱德华兹街
斯泰特街
绿地
榆树街
教堂街
小教堂街

纽黑文的市中心和东岩地区的地图。地图底部左边的阴影区域显示了 1638 年由创始清教徒设置的最初的九个方格，以绿地为中心。在此上方的阴影区域是东岩邻里，它于 19 世纪至 20 世纪初发展起来。（迪鲁·A.沙达尼绘制）

第 2 章
创造聚会场所：
康涅狄格州，纽黑文，东岩邻里

自 20 世纪 80 年代初开始，我和妻子就一直住在纽黑文的东岩邻里。这个邻里创造性地运用"第三场所"（the third places）方法，这个"第三场所"方法由雷·奥登伯格（Ray Oldenburg）在其富于启发性的著作《绝佳的场所：小餐厅、咖啡店、社区中心、美容院、一般商店、酒吧、休闲场所，它们如何让你度过一整天》（*The Great Good Place: Cafes, Coffee Shops, Community Centers, Beauty Parlors, General Stores, Bars, Hangouts, and How They Get You Through the Day*）中所倡导。奥登伯格，西佛罗里达大学的一名社会学家。20 世纪 70 年代，他对自己所在的彭萨科拉（Pensacola）邻里的日常生活日渐不满，而这一感受促使他想要去了解美国其他社区中的人们是否有同样的沮丧感。由此想法而产生的这本书于 1989 年出版，在书中奥登伯格总结道，"也不知从什么时候开始，美国城市扩张与发展的模式，对非正式的公共生活存有敌意，城市没有提供对人们来说必不可少的合适又足够的聚会场所。"[1]

奥登伯格认为，美国人非常需要，但又极度缺乏那些能够帮助人们释放来自家庭与工作场所——这两个主要的日常生活地点——的压力。第三场所，即非正式的聚会场所，是必不可少的，他说，并且它们应该位于家庭或工作场所步行可达的距离内，以便人们可以轻松地将其融入他们的日常生活秩序中。

本章着眼于东岩邻里的人们是如何对此需求做出回应的。通过克服种种障碍，他们得以在大多数居民家庭的步行距离之内创造了一系列宜人的聚会场所。

四处游荡

1983 年我们刚搬到东岩时，几样事物吸引了我们。第一，这里离市中心和耶鲁大学都非常近，这意味着我常常可以步行——更经常的是骑自行车——去藏书丰富的图书馆，去听免费的讲座，参加许多其他的公共活动。我可以将小汽车留在家里了。

第二，东岩有大量建自 19 世纪晚期和 20 世纪早期的房屋，这些房屋建造十分精巧。每一栋独户、两户或三户住宅都独立于各自地块之上，但是房屋之间又足够毗邻，人们有许多机会和邻居见面和相识。混合穿插在这些房屋中的是公寓建筑，尺度适中，鲜有超过三层高的，其比例与材料也与那些独立住宅呼应。从外观来看，东岩的建筑物具有很好的整体性。

第三，该邻里有一个非常近便的街道和步行道网络，橡树、枫树及其他遮荫树木成行排列在路旁，很适合人们在街道上愉快行走。不论往哪一个方向，总有一条路可以走，几乎没有死胡同。这和现代郊区的情况正好相反。在现代郊区中，尽端路原本是要减少穿越式交通的危险，却使得每次走出去的时间比正常的和想象的更长，也更加迂回。对我来说，东岩——占地 1 平方英里，9 100 位居民，南接市中心的北侧边缘，北抵哈姆登（Hamden）郊区的南面边界——是一个十分惬意的地方。大部分地方很平坦，其西侧边界则是一条被称作望景山（Prospect Hill）的山脊。[2]

　　一座带有精巧装饰的门廊的住宅俯瞰着罐头商街（Canner Street）。在东岩邻里，许多独户、两户、三户住宅的门廊都非常醒目突出。（菲利普·兰登 摄）

　　如果居民们想要感受更有挑战性的地形，他们可以去东岩公园陡峭的小径上徒步旅行。东岩公园位于邻里北部边缘，一片面积超过 400 英亩的广阔区域，有沼泽、草场、林地和峭壁。黑色火成岩，即含有铁成

　　橘树街（Orange Street）一栋建于 1906-1908 年的兵工厂外立面被保留下来，现在被用作紧靠在它后面的两排公寓的出入口。（菲利普·兰登 摄）

　　秋街（Autumn Street）上的这个门廊——实际上就是一个平台——既展示了一个抬升的休息区可以靠人行道近到怎样的程度，又展示了其建造尺度可以小到怎样的限度。安东·布雷斯、詹妮亚·韦纳和他们的儿子利奥·布雷斯正在享受门廊下的休闲时光。（菲利普·兰登 摄）

分的火山岩石形成的悬崖，拔地而起，与地面几近垂直。从位于悬崖基部蜿蜒的磨坊河（Mill River）算起，悬崖高 340 英尺。天气阴暗时，悬崖呈现铁锈色，但在夏日阳光下，它们又闪着橙红色，看起来就像是约翰·福特 [1] 的某部西部片里的布景。

　　如果我们想要一个步行探索起来令人愉快的邻里，东岩无疑就是。这里的某些街区，有建筑师设计的豪华住宅，风格多样，包括安妮女王风格、工艺美术风格、殖民复兴风格、哥特复兴风格等等，无论是第一次看还是第一百次看，都让人赏心悦目。其他街区里，两户和三户住宅占大多数。它们的建筑风格相对朴素，但许多住宅有两层或三层楼梯高度的前门廊，创造出一种友好氛围。车库几乎总是位于后部，不会破坏街道景观。

　　也有一些街区，由那些为工人阶层建造的老旧狭窄的小屋排列而成。在那些街区内，有一道简洁的间距，一座小屋远远地坐落在地块的后部，在 60 英尺进深的一片草坪之后，而不是像其他住宅那样毗邻街道。这种对比——可以看作是街区内的一种喘息空间——打破了一种严格僵化的成排布局，成为东岩迷人的奇观之一。

　　东岩的一些街区有 400-600 英尺长，这个长度对于步行出行的人来说，是易于控制的。还有一些街区 700-900 英尺长，这种尺度就不如前者好，因为街区越长，意味着出行路径的选择就较少。一些街道——比如利文斯顿街（Livingston Street）和埃维特街（Everit Street）——有着

----

[1]　约翰·福特（ John Ford，1894—1973 ），美国电影导演。以西部片闻名，诸如《马车》《探索者》以及《射杀自由女神的人》；也因对 20 世纪美国经典小说改编的电影而闻名，例如电影《愤怒的葡萄》。曾创造四项奥斯卡最佳导演奖的获奖数记录。——译者

绵延超过 1/3 英里长的街区。从步行者的角度来看，无疑太长了，但是这两个 1 900 英尺长的街区，有着如此美丽的 20 世纪初期的房屋，我也就不那么介意其长度了。

因为这个邻里早在现代的独立功能分区形成前就发展起来了，所以许多非居住用途是零星分布在整个社区的：学校、办公、日间护理中心、诊所、牙科诊所、洗衣房、干洗店、美发厅、美容院、小酒馆（在不那么高档的街区内），以及至少 15 座教堂，这些都是人们步行可达的有功用的目的地。

橘树街的店铺

东岩邻里东部边缘的斯泰特街曾是一条商业走廊，20 世纪 80 年代以出售二手家具的店铺而闻名。但自那之后，二手家具店铺关闭或搬迁。现在斯泰特街已经变成一个有着多种小型店铺的地带，餐馆、酒吧、一家感化办事处、一间健康诊所、纽黑文市保护信托基金总部，以及公寓。

对东岩邻里的大部分居民来说，最重要的零售走廊是橘树街，它笔直贯穿邻里的中心，从市中心一直抵达悬崖的基部。杂货店与便利店，就挤在橘树街的住宅与公寓楼之间，大部分店铺由父母或祖父母从意大利来到纽黑文的人经营。回溯到 20 世纪 80 年代的时候，许多店铺就已经在那里有些年头了。

在橘树食品市场上，吉米·阿普佐经营的肉铺吸引着稳定的主顾。在小小的狄罗斯市场上，健谈又声音洪亮的彼得·狄罗斯备有高品质奶酪、脆皮欧式面包和其他特产商品的存货，这些东西在当时纽黑文大多数的商店都买不到。顾客不仅来自东岩，还有来自外面广大地区的，他们来买他的橄榄油、北京柠檬和其他商品。

普赖姆市场是这条街上最忙碌的店铺，由体格结实、性格外向的尼克·卡塞拉经营。在这家商店四条狭窄的走道上，挤满了顾客，高高的货架储满了商品。朝着店铺的后方，一群人在肉品区排队等候。商品的

惠特尼大道（Whitney Avenue）上的这栋装饰华丽的建筑是东岩众多豪宅中的一座，建于19世纪和20世纪之交，此后转为其他用途。这栋建筑现在是惠特尼艺术中心（Whitney Arts Center），用于从芭蕾舞课到教堂集会在内的一切活动。（菲利普·兰登 摄）

纽黑文市的一栋三层住宅，有着抬高的前门廊，这样的高度，有助于居住在此的人将发生在东岩伊格尔街（Eagle Street）上的活动尽收眼底。（菲利普·兰登摄）

价格并不便宜，但是每个星期卡塞拉都会给一些主要商品打广告，广告商品的价格敌得过郊区超市。

普赖姆市场不临街的停车是象征性的，只在入口前的柏油路上有三个车位。橘树街上的商店，停车空间都不大，大部分商店，开车来的顾客都不得不将车停在街道上，介于公共汽车站点与居民私人车道之间的那些路段。尽管如此，顾客们还是采用这样或那样的方式，继续来这里买东西。从工人阶层聚居的东边邻里来的年长女性们，推着轻型金属车，沿着橘树街来来回回，将后面几天要用的烹饪食材运回家。年轻一些的顾客，则把买来的东西塞进背包里。我买了一辆有两个金属后货篮的自行车。真是令人惊讶，一辆自行车上竟然能够装这么多的杂货。

"罗密欧与凯萨"美食商店是橘树街上第一家为顾客设置店前室外广场的意大利杂货店与外卖店。现在，在几个街区的范围内，有七处户外就餐和聚会的场所在经营，为这条零售走廊增添了轻松随和的社交氛围。（菲利普·兰登 摄）

　　卡塞拉在店铺入口处张贴了一条座右铭："不仅是一间杂货店，更是一所社会学堂。"这句座右铭捕捉到了这家店铺的一些特征：当顾客们去普赖姆市场时，他们总会遇到认识的人。

　　然而，更大的现实情况是：东岩类似的场所还是不够多，在这样的场所里，各式人等，不论他们的社会阶层、职业、教育或者收入如何，他们都可以待在一起。这样的场所是非常需要的，在一定程度上能够缓解纽黑文根深蒂固的社会分裂。

自19世纪晚期直至20世纪50年代，纽黑文一直是一个多样化的工业中心，但是在那以后，制造业逐渐弱化，诸如枪支制造、锁具制造和钟表制造等行业渐渐衰退，这一部分产业的衰弱，某种程度上由耶鲁大学的增长弥补了。到了20世纪80年代，耶鲁大学已经成为地方经济的基石，但它是一所精英式的私立大学机构，有强烈的地位意识。也许耶鲁大学一定数量的教职员工及管理人员很有安全感，但大学的等级制度依然包含了各式各样微妙的划分，因此轻易地——事实上，也是正常地——人们由于耶鲁不断比较的文化而表现出防御心，如果你不是附属于耶鲁的人，你可能会想："我是不是一个无足轻重的人？"

威尔·贝克就是一个"非耶鲁人士"，他从2004年至2014年在纽黑文工作——先是为一家珍本书籍经销商工作，后来做学院图书馆的负责人，这是一家成立于1826年的会员制图书馆。贝克告诉我，当他在耶鲁校园里面或校园附近时，他有时会有"一种自身处于不可见或者不算数状态的感觉"。惠特尼大道将耶鲁大学、市中心和东岩连通起来，在这样的街道上，他觉察到"一定程度的焦虑"蔓延在空气中。对贝克来说，那种人生没有什么成就的感觉总是在心中滋生。举个例子，当一名耶鲁研究生在人行道上骑车呼啸而过、几乎斜撞到他时，这种感觉便油然而生。贝克观察到，在惠特尼大道上，似乎"人人都戴着有色眼镜"。

东岩邻里很容易受到这种氛围的影响，因为这里许多房主是耶鲁大学的教授和工作人员，而且很多租户是研究生或者大学普通职员。东岩有一些公共场所，在那里居民们可以聚在一起。那些养狗的居民（社区中养狗者很多）遛狗到东岩公园或埃杰顿公园去时，会攀谈，相互联系。埃杰顿公园位于惠特尼大道上的那些灰色石墙后面，小小的一座公园，就在它的旧址上。去教堂礼拜的人们可以在礼拜堂里与他们的教友聚会。富裕的家庭可能会加入草坪俱乐部，一个配有多间餐厅、一处舞厅、几个网球场和一座游泳池的组织。东岩也有一些小酒馆，包括一家非常避世隐居的酒馆，延续到现在，它也没在外面张贴名号。但这些地方还是无法满足所有人的需求，纽黑文需要更多户外开放的"第三场所"。

药房的回归

2011 年 6 月，在橘树街与椴树街上一幢红砖公寓建筑底楼经营了 102 年的霍尔－本尼迪克特药品公司关闭了。这一关闭对这个邻里来说，是一种双重的损失。霍尔－本尼迪克特未关闭前，不仅是当地硕果仅存的一家药店，它还承包运营着一所邮局，也是居民买邮票、包装邮件以及获得其他邮政服务的唯一去处。

尽管从 20 世纪 80 年代起，连锁药店和驻超市药店抢走了美国大部分独立药店的业务，但东岩的居民仍然希望用某种方法使他们的街角药店复活。这幢建筑物的业主认为这个想法可行，于是与一家公司取得了联系，这家公司专门帮助康涅狄格州的独立药店处理药店与政府机构之间的文书工作。通过这种途径，他们找到了康涅狄格药业，这个商业机构在康涅狄格州的诺沃克经营着一家药店，并且急于扩张。

康涅狄格药业整修了药店，2011年9月，东岩药房重新开业。生意很快做了起来，每周工作日营业六小时，周六营业八小时，周日营业六小时。药房还提供全天候的电话服务。"有什么紧急情况，人们会打电话给我们，而我们拿起电话，予以回应。"公司的一位药剂师兼合伙人陈卡瓦说，"有时顾客会致电药房，说他7∶15才有办法到店里，我就告诉他，'我们在这儿等你。'"然后陈卡瓦会在店里待到晚些时候。

"我过去在连锁店工作了15年。"陈说，他在香港长大，然后在纽约的药剂学校接受教育。"大型连锁品牌下的药房，"他说，"更像一座工厂。"陈转向一家独立药房工作，某种程度上因为这是一个更加个人化的企业。他说，一些药剂师渴望能够拥有、管理小型药店，或者说非连锁药店，在那里工作也行。

"我们逐渐对这里的家庭了解起来。"康涅狄格药房的管理合伙人斯科特·沃尔克说。如果某位患者有慢性病，药剂师就会每月定期与其护理人员交流，"我们不仅与患者沟通，也与医生交谈，"他说，"我们在用药管理上花了大量时间。"

"药店在不同的规模下寻求生存。"陈谈起邻里药房的经济状况，"体量小的时候，就不能雇很多人。开始的时候，店里每个人都在送货，包括我自己在内。"开业三年后，这家药店已经完全站住了脚跟，雇有15名员工。

柜台后面，几名员工正在电脑上为康涅狄格州南部几十英里范围内的各疗养院归档订单。他们将每个疗养院患者的用药打包成一个"计划员"，里面照每天的用药量，放进一周的用量。这种对长期护理机构（包括临终关怀医院）的服务，使得药房得以生存。"现今，能使独立药店运转起来的唯一方法，就是做连锁药店不做的工作。"沃尔克说，"不久之前，我们在凌晨2：30接到了一个来自临终关怀医院的电话，他们需要临终关怀的用药。"东岩药房与三个独立的司机签有合约，所以哪怕时间不方便，药房仍然可以将药品送到。通过一个团购组织，药房"在产品与处方药上，都能够提供与大型连锁药房相比更优惠的价格。"陈说，"独立药房的商机正在增加。"

　　霍尔－本尼迪克特药品公司在橘树街与林登街的街角运营了102年，2011年关闭。之后，在这栋混合用途、三层楼高的建筑物中，一家新的药房开业了。让邻里居民高兴的是，新的东岩药房，和老药店一样，兼营邮政业务。这家新药房已经蓬勃发展起来了。（迪鲁·A.沙达尼绘）

> 因为老的药店有邮政业务，顾客对此也有依赖，所以即便不赚钱，新的药房也重新设立了邮政柜台。按照陈的说法，如果顾客用信用卡买邮票，商店实际上是赔钱的。但从另一方面来看，来买邮票或邮递包裹的顾客，在店里的时候，也会买一点其他东西，比如一瓶阿司匹林，一件纽黑文 T 恤，或者一本儿童读物。

咖啡厅的到来

有一块市场空白需要有创业激情的人来填补，即向人们提供一个逗留与谈话的场所。最先回应这个市场需求的是一个坚强自信的年轻女性，露易丝·"露露"·迪卡隆。她在一家律师事务所丢了工作。1991 年 4 月，在橘树食品市场与橘树酒类商店的街角附近，迪卡隆开设了"露露"欧式咖啡馆。如何使咖啡馆具有社交氛围，她动足了脑筋。

"露露"咖啡馆非常小——"25 英尺宽，10 英尺深。"[①] 咖啡馆开业几年后我去采访，她这样回忆说。这个空间，曾经是一家修鞋店，但是在 20 世纪 90 年代初期就空置了。这里的大小只够放咖啡冲泡设备、一个 5 英尺宽 5 英尺高的糕点箱、供顾客使用的两个圆桌，此外就没有更多空间了。咖啡馆欢迎人们到这里来消磨时光，但他们得和别人，同来的朋友或者陌生人，分享一张桌子。这种紧凑性，部分是因为迪卡隆资金紧张，她是单亲妈妈，靠着 500 美元的积蓄开始了自己的生意；但

---

① 约 7.6 米宽，3.0 米深。——译者

同时，这也符合了她的设想。迪卡隆喜欢一种让人保持亲近的距离，她想要与顾客交谈，也希望顾客相互之间能交谈。

　　"露露"咖啡厅逐渐成为邻里最受欢迎的一处可以愉快交谈的场所。市政委员会东岩的委员代表们开始在"露露"咖啡厅举行定期的会晤，人们来到这里，讨论在这个邻里和这座城市中发生的事情。咖啡馆的地点，在小村庄街上，人们步行或骑自行车去都很方便。小村庄街是一条房屋鳞次栉比的街道，就在橘树街的视野之内。

　　随着顾客的增加，迪卡隆又有了一个想法，"为什么不坐在外面呢？"户外座位使得店铺能够服务更多的顾客，咖啡馆聚会场所的氛围也就更足了。迪卡隆向纽黑文城市规划部门的工作人员提出了这个

　　3月里，甚至冬雪还未消融，东岩居民们就开始重新入驻橘树街的广场了。这些小商业位于橘树街和小村庄街的街角处。（菲利普·兰登 摄）

想法，但一无所获，那个工作人员的回应至今让迪卡隆很疑惑："我们不希望增加飞车枪击事件的机会。"20 世纪 90 年代初期、强效可卡因流行的年代，纽黑文深受飞车枪击事件的困扰。然而，飞车枪击发生在这座城市治安较乱的地区，偶尔也发生在市中心，从来不会在东岩邻里发生。

该市商业发展办公室的一名员工对迪卡隆的提议同样不屑一顾，她告诉迪卡隆："你不属于东岩，你这是在抢小教堂街的风头。"小教堂街是市中心主要的零售街道，那时候经营不善，因而急需小型商业。

迪卡隆仍然十分坚持，要改变一个迂腐守旧的市政官僚机构的成见，需要不屈不挠的精神。她请市政委员会委员卡梅伦·斯泰普尔斯来帮助说服城市规划部门：户外座位不会招致犯罪，恰恰相反，它会使得犯罪减少，因为人口密集的地方通常比那些人们只能待在室内的地方更安全。

迪卡隆终于得到了许可，修复了店铺外面破碎的平台。"光把水泥倒出来，就花费了 1 000 美元，为此存钱的事，我记得一清二楚。"她回忆，"我让人做了一个遮阳篷，这个遮阳篷给小店制造出了一个漂亮的隐蔽处。"迪卡隆的咖啡馆是这个邻里中第一个由商业机构发起的户外聚会场所。

"城市看起来冷冰冰的，"迪卡隆观察到，户外座位可以"让一座城市温暖起来"，"正是因为看到有人坐在外面，才会吸引越来越多各色各样的人过来，吸引他们也坐在外面。"

我们能聊聊吗？

2007 年的某一天，露露·迪卡隆来她位于小村庄街上的咖啡馆看看。"店铺就像一个地窖，我突然觉得很讨厌它。"她回忆，"感觉就像一个办公室。"桌子的绝大部分被使用电脑的人所占据，"两位年长的女士走了进来，她们已经很长时间没有见面了，看上去她们聊得很开心。"但是她们的交谈惹恼了使用笔记本电脑的人，那些人开始发出"嘘嘘"的声音，并对说话的人怒目而视。

到了第二天，迪卡隆已决定她要采取什么行动了。她张贴了一个禁止使用笔记本电脑的标志，任何想要退回到电子设备世界的人将不得不去别的什么地方。"有人告诉我，我一定会搞砸的。"迪卡隆说，"但是生意却蒸蒸日上。"这一成功鼓励了她，禁令扩展到其他所有电子设备。"我听到很多人说他们希望有更多的地方禁用电子设备，但真正做到的地方没有几家。积少成多，我们都需要贡献自己的小小力量，"迪卡隆解释道，"把你的规则告诉给别人听，这是公平的。"

迪卡隆说，咖啡馆或其他聚会场所的价值在于，"人们来到这里，彼此联系，还谈论政治。我想，人与人彼此建立联系时，城市管理部门可能会紧张。那些通过面对面交谈而获得的一手信息，会为你的生活提供某种'安定的力量'。我听到人们在这里谈论艺术和文学，这个咖啡馆促进了社群的建立，促进了各种对话和联系。"

电子设备禁令有时也会招致嘲讽。迪卡隆回忆起了某一天的情形，她说，"店里的人要么在看书，要么在用钢笔写字，突然有个人高声说道，'哦，我忘了问你，我是不是应该用羽毛笔？'"

经营这家店铺 24 年之后，迪卡隆于 2015 年决定，是时候做些其他事情了，她把生意卖给了原来的员工戴维·奥里奇奥和他的一个合伙人。他们把名字改成了"东岩咖啡馆"，扩展了菜单内容，但他们还是保留了对笔记本电脑、iPad 和其他平板电脑的禁令，不论店里面还是露台上，都不能用。智能手机可以用，奥里奇奥说，因为"这是一种比其他任何东西都更加个性化的设备"。不过，他说，他正在考虑这样一条规则，"顾客在店里的时候，如果愿意把手机暂时保存在一个桶里，就可以得到 10% 的折扣优惠"。

正在柜台后面忙碌的戴维·奥里奇奥，在他获得"露露"欧式咖啡馆经营权并将其改名为"东岩咖啡馆"时，他保留了对笔记本电脑、iPad 及其他平板电脑的禁令。他说，面对面的交往是关键。（菲利普·兰登　摄）

> "我们每天都有新顾客来，所以我们不得不一次又一次地跟他们解释电子设备禁令的事。总是有人会失望，但大多数情况下，人们能明白为什么这么做。很多人进咖啡馆来，成双成对或形单影只，他们在这里遇见其他人，我们不希望人与人之间断了联系。"

橘树街总动员

20 世纪 90 年代后期，一些邻里居民，包括第 10 选区民主选区委员会的凯萨琳·维默尔、建筑师梅兰妮·泰勒，以及一个有公民意识的房东约瑟夫·普里奥，组成了一个叫作"橘树街上街邻里"的团体。他们的担忧是，橘树街上的一些企业并不兴旺，不稳定，他们还担心，橘树街东部一些有多户家庭合居住房的街区，由于较年老的房主搬离或去世，那个区域正处于恶化的危险之中。

泰勒起草了一份关于该团体使命的声明："提高社区生活的质量，进一步提高生活在橘树街上街及其附近的所有人生活的富足程度"，并"支撑和稳定橘树街沿线的以社区为基础的商业"。为了招募成员，"我在邻里各处张贴了海报，并邀请邻居们在我家的门廊上会面。"此外，东岩在市政委员会的三名委员代表还出席了一场公开的讨论。

耶鲁大学那时已经发起了耶鲁购房者计划（Yale Homebuyer Program），这一计划对那些愿意在这座城市一些处境艰难的地区买房子的教员和职员给予一定激励，并且，如果员工继续持有房屋并住在里面，耶鲁就会在若干年的时间里为他们的房屋购买提供补贴。[3] "橘树街上街邻里"团体说服耶鲁大学把这个项目延伸到橘树街和斯泰特街之间的不那么稳定的街区中去。随后几年里，许多耶鲁员工在那里买了房子，因而住房持有率上升了，那些街区也随之活跃起来。

普里奥建造了座椅花架组合箱，"橘树街上街邻里"团体将其放置在各公共汽车站，同时在包括"露露"咖啡馆在内的一些地点安装了公告板，方便告知人们邻里中正在发生的事。新兴的新城市主义运动，促进了为不同年龄、收入、职业和家庭构成的人们提供可步行的、混合使用的邻里，这种理念给了橘树街团体灵感启发。纽黑文是新城市主义关于社区理念首先萌芽的地方。安德烈斯·杜安尼、伊丽莎白·普莱特－齐伯克、罗伯特·奥尔、梅兰妮·泰勒、帕特里克·平内尔，以及其他早期运动的领袖都曾在耶鲁大学学习过，并一直受到一位著名的建筑历史和城市主义教授文森特·斯库利（Vincent Scully）的影响。

作为他们课堂作业的一部分，斯库利的学生们经常去东岩的山巅，将他们所看到的山下铺展的场景速写下来。斯库利是一位令人着迷的讲演者，他打开了学生们在传统建筑的逻辑、美感和社会效用上的眼界。这些传统建筑被组织在一个步行尺度的、绿树成荫的街道网络中。新城市主义的理念与奥登伯格聚会场所重要性的概念相吻合。东岩和其他在现代独立功能分区之前、在有轨电车让位于汽车之前发展起来的邻里中，有着大部分城市居民可步行到达的商店和便利设施，这也正是新城市主义现今给城市发展开出的处方。

"橘树街上街邻里"有一个愿景：要在几家商店前面由沥青或混凝土单调铺陈的广阔场地上创造出吸引人的聚会场所。泰勒相信，只要有两三个引人注意的、成功的公共空间形成，其他的商家和建筑业主就会领会这个精神，并创造更多的此类空间。泰勒说，商家可以用桌子、椅子、遮阳伞以及开花植物来装备这些空间。这个邻里团体经常把这些公共空间称为露台（patios）。迪卡隆有着关于意大利和其他地方户外聚集场所的历史认知，称这些公共空间为广场（plazas）或露天市场（piazzas）。

开发露台的成本吓退了一些商家和建筑业主，所以下一个问题是，这笔费用怎么才能支付？答案是，请求市政厅的援助。最终，市政厅被成功说服，将其立面提升计划的范围扩展到橘树街走廊，并且露台开发也被涵括在项目中得以运作。市政厅之所以同意这么做，源于普里奥提供的一种新颖的解释：水平向的铺装也被算作立面的一部分。

这一想法历经数年才开花结果，2003 年到 2007 年之间，每户业主获得 20 000–30 000 美元不等的配套补助金，用于提升各自的户外区域："露露"咖啡馆；橘树食品市场和橘树街酒类商店，这两家在咖啡馆的拐角周围共享一处有铺装的前院；还有"罗密欧与朱塞佩"的店，一家高品质的杂货店，这家店接手了橘树街上的一处空间，这处空间以前曾被缺少生气的"坎伯兰农场"便利店所占据。

在整个计划中，这项补助款并不算很多钱，仅仅是让项目变得可行起来，但是各个露台有了预期的效果。很快，人们开始在像"罗密欧与朱塞佩"的人行道咖啡馆这样的地方消磨时间。马修·费纳，一名自行车骑行运动的倡导者，开始组织骑行者们周六早晨在"露露"咖啡馆集合，然后掉头启动 60 英里骑行。三个半小时骑行的终点是"罗密欧与朱塞佩"，然后他们会在露台上吃午饭，距离骑行起点仅仅两个街区。罗密欧与朱塞佩是一家配备了各种各样食物的热门馆子，还做着很大的外卖生意。"店主罗密欧也很喜欢聚会的氛围。"费纳在谈到骑行结束后的聚餐时说，"夏天，他会走出来，给我们端来一个披萨饼，然后用意大利语说：'请享用吧。'"

乐趣和节庆

街道上上下下的气氛变得活泼起来。在罗密欧与朱塞佩杂货店北面的一个街区，布拉沃咖啡馆在一片低矮的栅栏后面设置了一个户外就座区。往往商店的产权转手时，就会出现另外的进展。约瑟夫·皮诺·西科恩在郊区布兰福德他家的食品企业里长大，他买下了难以为继的橘树食品市场，留下了经验丰富的屠夫吉米·阿普佐吉米继续工作，并将这家市场的名字稍微做了改动，变成了P&M橘树街市场。对这个地方的升级改造，还包括重新装修内部空间，引入新的产品，重点做好可外带食品。在那些爱用市场露台的人当中有城市消防员，午餐时间时，他们就把消防卡车停在附近。

经历过几轮产权变更后，普赖姆市场更名为妮卡市场，重新开放，同样是意大利风格。妮卡市场由朱塞佩·萨皮诺经营。萨皮诺是罗密欧与朱塞佩杂货店勤勉工作、少言寡语的商业合伙人，后来两个人分道扬镳。在妮卡市场，萨皮诺也安置了一个露台，两层高，被誉为这条街上最好的露台，上面部分被一株高大的银白枫遮蔽。妮卡市场没有获得立面提升补助金，"每次我们申请时都被告知没有钱了。"朱塞佩的女儿罗莎娜·萨皮诺说。

随着时间的推移，商家们不再需要市政厅的资助才来提升商店的外观，或者建造让人流连忘返的地方。橘树街正是生意兴隆的时候，这个邻里的居民，以及来自东岩以外的人，都发现露台的吸引力不可抗拒。黄金组合——在店内配好的外带食品和令人愉快的就餐环境——带来可观的收入。顾客们喜欢待多久就可以待多久，氛围很轻松。这些陈设——可移动的椅子、金属桌子，以及在欧洲常见的那种样式的遮阳伞——深受大众青睐。在东岩，犯罪并不陌生，然而放在外面的桌子和椅子并没有如悲观主义者所担心的那样被人偷走。

在这些户外空间中，对快速翻台面的强调程度小于室内餐厅。我从来没有见过有人因为他们在一张桌子上待的时间过长而被要求离开。露台顾客早上七点就开始来了，也就是妮卡市场一开门就来了。晚上七点半，市场关门打烊的时候，人们还坐在那里，谈兴正浓。"它给人们带来了快乐。"朱塞佩·萨皮诺说。

不同的场所发展出各自不同的小圈子。警察和消防员成群结队地涌向 P&M 市场。威尔伯十字中学，邻里北部边缘的一所主要是非洲裔美国人和说西班牙语美国人的公立学校，这所中学的学生很喜欢使用"一站式市场＆熟食店"前的露台和野餐桌。后者是一家出售中东美食的叙利亚移民商店。朱塞佩·萨皮诺离开后，"罗密欧与朱塞佩"杂货店更名为"罗密欧与凯萨"。"罗密欧与凯萨"的粉丝声称，妮卡市场更多是为像耶鲁研究生这样的"暂住客"、短期居民服务的。确实，20 多岁容光焕发的年轻人，其中一些是研究生，成群结队地去往妮卡市场，可无论何时我驻足妮卡，都能看到中年甚至年纪更大一点的人，包括几十年来常住在这个邻里的居民。"暂住客"的论调是不准确的。这条街的几乎每一处露台上，聚集的都是某种程度混合且常常变化的一群群人。

一些商店定期组织备有音乐、食物和饮料的社交聚会。9月里，橘树街的某一段会禁止车辆通行，以便包括艺术家、音乐家以及表演者们在内的数千人一起参加一年一度的"东岩节"。

在 P&M 橘树街市场，退休教师乔·拉钦斯，几年前曾在市中心经营过一家自行车店，他带了一个便携式自行车修理摊，放在平台的一个角落，然后开始修理漏气的车胎，同时做些其他的修理活。拉钦斯占据这个空间，皮诺·西科恩没有向他收费，事实上，皮诺·西科恩很高兴他能在这里。"有时候，人们想要坐得离我近一点，只是为了看一看，问问问题。"拉钦斯说，"人们对我正在做的事情很感兴趣，为此我结识了很多新朋友，也碰到了很多老熟人。"

2009 年，罗密欧引入了两位年轻的合作伙伴，小伯纳德·马萨罗和

乔·拉钦斯，从附近他家骑自行车载来一个便携式自行车修理架，在 P&M 橘树街市场和橘树酒类商店前面的广场上定期修理自行车。（菲利普·兰登 摄）

克里斯·莫迪凯，他们一起在橘树街上又开出了一家咖啡馆。新的项目，罗密欧咖啡馆是一个美学意义上的新启程，它的样式风格时髦而现代。这家咖啡馆向顾客提供早餐、午餐和晚餐——松饼，新鲜水果，汤，烧木材的炉灶烤出的披萨饼，以及无花果和山羊奶酪沙拉——顾客们端着他们的食物和饮料，来到紧密排列的金属桌子上享用。天气暖和的时候，咖啡馆前面的玻璃门板滑移出去，室内和露台融合成一个连续的开阔地方。根据罗密欧的说法，这家咖啡馆，包括复杂的食品设施在内，投资额80万美元。现在的橘树街企业，比起20世纪90年代来说，已经活跃得多了。

今天，人们在纽黑文尽情享受着它的户外空间。每年3月初的时候，一些露台上开始出现座椅，人们会坐在桌子旁，紧挨着正在消融的积雪堆。橘树街或靠近橘树街，现今有七个露台，用得都很好。这条商业走廊充满了活力。

伊娃·格尔茨是住在橘树街上的一位作家。她回忆起，最近的一个冬天，一场大雪使得这条街道无法通行车辆，"基本上邻里中愿意看看雪景并且身体也足够健康的人，都走出家门来到街上，手中拿着装有热巧克力的杯子，为的只是，漫步。看上去就像是，贯穿东岩的整条橘树街变成了一个巨大的、非正式的街头社交聚会。"

一所世界一流私立大学内的那些人和大学之外的人之间的紧张关系，是不太可能通过一系列的聚会场所被消除的。还应该指出的是，这些聚会场所并不真正是所有人的公共空间。那些想要经常在露台上逗留的人，是要去店里买点什么东西的，哪怕只是一杯咖啡。当然，最重要的一点是，氛围已经显著变好，如果说这种变化并不是发生在东岩的所有地方，那么在橘树街上，这条吸引了整个邻里的人群的商业走廊，这种变化是确凿无疑的。

威尔·贝克发现，惠特尼大道与四条快速行车道相连，在这条大道的人行道上，行人之间互不交谈，而橘树街则已经变得轻松活跃起来。"事实上，这两条马路之间只隔了两三个街区的距离，但两者的社区感和步行感是迥然不同的。"贝克说，"身处橘树街，更有一种人们就生活在

一户家庭在一个旧的运输箱里建了一个"小型免费图书馆"，流动设置在罐头商街和安德森街上，他们把它命名为戈特维尔免费图书馆——戈特维尔是东岩某个地区具有历史意义的名字——并向借阅或捐赠书的人开放。（菲利普·兰登 摄）

你周围的感觉。在人行道上和你认识的某个人交谈是稀松平常的。"

赛斯·戈弗雷，在纽黑文公立图书馆工作，住在惠特尼大道的一套公寓里，频繁地光顾橘树街上的咖啡馆。"要见朋友，那是个理想的地方。"他说，"不需要开车，无须浪费宝贵的资源。我家没有后院，咖啡馆就是后院。"

"咖啡馆更具有社交性。谈论个人话题，谈论图书馆的一门电影课程，谈论地方的、国际的话题。"戈弗雷说，"每个人都需要一个地方来聚会。"

改善交通

如何让橘树街对行人和骑行者更安全，纽黑文市尽了大力。工作人员漆了自行车道——一条车道向北，一条车道向南，处于路边停车带和行车道之间，每条 4 英尺宽。然而，当地的自行车倡导者马修·费纳认为这还不够理想。还有，自行车道被设在靠近汽车停放的位置，费纳称之为"汽车门巷"。不过，自行车道的设置已经清楚表明了一点，即骑行者应当拥有街道的一部分。

许多交叉路口油漆了条纹，以便让人行横道变得更加醒目。有些交叉路口的中央部位，装了 4 英尺高的塑料标志，警示司机们减速。在这样一座司机们都有闯红灯习惯的城市里，现在经过橘树街看到有人要过马路时，越来越多的司机会将车停下来。

人口普查数据显示，去达工作地点，36% 的东岩居民步行或骑自行车，14% 使用公共交通，另外 7% 依靠摩托车、出租车，或者拼车，而不是独自开车。[4] 东岩居民现在骑自行车上班的人数是 2000 年的两倍多。[5]

多少商业算是过于商业化？

一旦商业供应超过周边邻里的需求，另一个问题就会随之出现：应该在商业的扩张上设定限制吗？邻里商业能成功当然很棒，但是如果这些邻里商业变成了该区域的吸引点，顾客和交通的容量可能会逐渐损害邻里的生活品质，而正是冲着这些生活品质，人们才被吸引着来到这里居住。

这个问题在东岩已通过多种方式出现。几十年来，惠特尼大道以西到望景街的邻里地区，只有几家微不足道的商店，一排面向惠特尼大道的店面。2010 年，市中心一家奶酪店提议，要在那些店面中的一家开设一些啤酒、葡萄酒和食品品尝的生意，一些业主回复说，他们喜欢这种类型的聚会场所，他们去过橘树街的那些咖啡馆，也希望在他们家的步行距离内有一个类似的地方。但拟建商店的几户邻近住户担心过于喧嚣而对项目投了反对票。最终这项本已取得区划特许证的项目，还是被撤回了。

"我认为，一类人觉得步行距离内有那么几个地方是件很美妙的事，而另一类人则觉得，这只会让整个邻里变坏，这两类人之间的矛盾不可调和。"罗南－埃奇希尔邻里协会主席威廉姆·卡普兰说。该协会代表了惠特尼大道以西的住房业主们。"就我个人而言，我认为有限的葡萄酒和食品生意是一个好主意，对这个邻里来说应该是好的，但是作为邻里协会的主席，我也认识到在这个话题上有各种各样的看法，其中就包括对区划的保护。"

不只是街区守望

　　周期性地，在东岩的某个地方，就会有突发性的犯罪，通常是财产犯罪。经历了一连串的撬车劫案和公寓入户盗窃案后，十来个居民于2007年创立了汉弗莱南部组织（South of Humphrey organization），简称SoHu。这个团体聚焦在汉弗莱街以南和橘树街以东的一小块地区。

　　"我们决定，要开始一个街区守望行动。"丽莎·西德拉兹回忆说。她已届中年，住在珍珠街一幢住宅的二楼，她在那里长大。珍珠街是一条狭窄的街道，挤满了一间卧室、两间卧室和三间卧室的住房。西德拉兹的兄弟凯文住在三楼，他们底楼的一套公寓用于出租。

　　大多数的街区守望行动，一旦紧急情况结束也就不了了之了。SoHu则不同。犯罪潮消退，SoHu也逐渐发生了演变。"成立这个团体两三年后，我们意识到这个团体所做的，远远超过街区守望这一件事。"西德拉兹说，该团体转向了社区建设。"我们投票表决，决定将我们的名称从SoHu街区守望（SoHu Block Watch）改为SoHu邻里协会（SoHu Neighborhood Association）。"

　　"我们做了一些事来营建社区，这样我们就知道住在这里的到底是些什么人。"例如，SoHu邻里协会在一座教堂组织了一个"点心和社区"的项目。"我们开始种树。"西德拉兹说，"人们会过来看看我们在做什么，然后下一个周末他们也过来了。我们在接下来的四年里种了110棵树，其中只有两株没能成活。每年我们还有一个路边清理项目。去年春天，我们在路边种了多年生植物，对树木进行除草、护根和修剪。"

今天，SoHu 邻里协会总共在其四条居住街道上发展出500多名会员，会员们通过一项清单服务和各种各样的活动，及时掌握信息。"除了植树和街区社交聚会，我们还为纽黑文警察局的 K-9 分队做了两场募捐活动，总共筹集了 10 000 美元。我们张贴走失宠物信息，张贴邻里居民求助通知。我们在东岩公园内的学院树林放映电影，举办万圣节的扮装游行，还有其他各种各样的活动。"西德拉兹说。

"每逢9月，我们有一场一年一度的街区社交聚会，因为那时正是新学生搬进来的时候，聚会是欢迎他们的。"她说，"现在，邻里之间相互认识，彼此照顾，而不是一直做陌生人。"

9月的一个下午，利文斯顿街中心的一个街区聚会。（菲利普·兰登 摄）

　　"如果区划遭到广泛破坏，东岩西部地区的街区可能会失去其安静的环境氛围，正是这种环境氛围提供了一种远离城市喧闹的解脱。居民中有一种观点认为，要与橘树街和斯泰特街上的商业活动保持一定的距离。"卡普兰说，"从罗南－埃奇希尔步行到罗密欧的杂货店，半英里左右，并不算一件苦差。"

　　而在橘树街上，类似的议题也出现了。例如，妮卡市场的业主们说迫切需要更多停车位，于是 2006 年，他们建造了一个可停放 18 辆车的停车场，稍微退后于街道。然而，邻里代表则坚称，妮卡市场未能兑现该市场对此社区的承诺，因此三年后，当妮卡市场申请区划特许以扩大店铺、并在第二层开辟一个用餐区时，邻里的反应很冷淡，扩建提案就此流产。居民们明确表示，他们喜欢的是适应并服务当地邻里的商店，而不是那些体量巨大、导致更多汽车交通并产生很多噪音的商业。许多居民认为，如果某一商家想要变成一个全市或区域性的吸引点，那么这个商家应该重新选址到一个更大、更商业化的大街或大道上，例如几个街区之外的斯泰特街。

　　设立一个例会制度，对促进邻里讨论很有帮助。东岩社区管理团队每月碰头，开会处理各种邻里问题。20 世纪 90 年代，纽黑文的每个警区都建立了社区管理团队，由邻里居民组成。"它成了一个很好的信息交流中心。"东岩社区管理团队秘书黛博拉·罗西说，"如果你有一个关于铲雪的问题，那就来参加会议，如果有一个关于犯罪的问题，那也来参加会议。"该团队以前的领导人乔·普里奥谈到，一个非正式的规则逐渐显现出来：想要新建点什么的开发商，或者想要改变一处现有物业用途的人，就来月度会议，提出提案。月度会议是公开的，通常开一个小时左右。这个由邻里市政委员会委员和该地区警督惯例参加的管理团队会议，已经成为保证居民对社区潜在变化拥有发言权的一种方式。

奥登伯格 1989 年出版《绝佳的场所》（*The Great Good Place*）时，他估计美国"可能已经失去了 20 世纪中叶时仍然存在的休闲聚会场所中的一半——那些举办轻松的、非正式的，但又具有社会粘合力的人际交往的场所，这种人际交往是社区生活的基石。"[6] 在东岩，趋势与这本书所说的正相反。由于社区提供了人们见面、交谈、表达观点以及学习的众多场所，该邻里正在慢慢地变好。在东岩，人们可以步行，而且随着时间的推移，可以步行到达的地方会越来越多，越来越好。

斯泰特街上街农夫市集由东岩的建筑师兼开发商罗伯特·弗鲁和他的妻子苏珊创办，旨在将价格合理的蔬菜和其他食品带进邻里。（菲利普·兰登 摄）

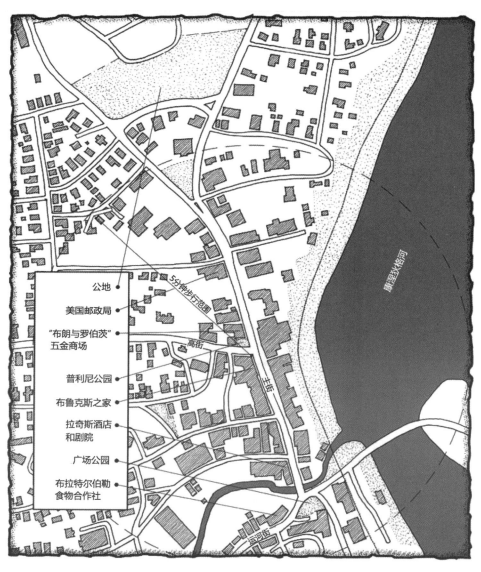

公地

美国邮政局

"布朗与罗伯茨"
五金商场

普利尼公园

布鲁克斯之家

拉奇斯酒店
和剧院

广场公园

布拉特尔伯勒
食物合作社

5分钟步行范围

高街

主街

运河街

康涅狄格河

布拉特尔伯勒（Brattleboro）的主街（Main Street）及其附近部分地区的地图，显示了重要商业和市政地点的位置。（迪鲁·A.沙达尼绘制）

第3章
保持城镇中心的活力：
佛蒙特州，布拉特尔伯勒

20世纪90年代，在我去佛蒙特森林小木屋的旅程中，常常会经过布拉特尔伯勒，这是康涅狄格河丘陵起伏的西岸上一座12 000人的城镇。布拉特尔伯勒令我印象最深刻的是它的城镇中心。主街，作为商业区的脊梁，看起来繁忙而完整。这看上去是一个成型已久的社区，位于马萨诸塞州线以北十几英里，过去几十年来，美国几乎全境主街商业凋敝，不知道什么缘故这里竟能幸免于此。

商店开在建筑物的底层。这些建筑物大都是三层或四层楼高的红砖结构，都已在那里一个多世纪了。上面的楼层大部分是办公楼和公寓。布拉特尔伯勒是一个小商贸中心，辐射居民35 000人，看上去它很稳定，并没有像20世纪50年代以来许多小城镇商业区经历的那样，起起落落。城镇人行道上，看起来总是人来人往。布拉特尔伯勒的大部分地区是乡村，32平方英里范围，大部分是丘陵，但90%以上居民聚居在东部边缘，距离保护完好的城镇中心不超过2英里。

我从主街尽头驱车向北行驶，首先引起我注意的是一栋四层的浅黄色建筑，与城镇中心主要是深红的底色大相径庭。这座建筑是拉奇斯剧院和酒店，镇上唯一的艺术装饰派（Art Deco）建筑。在这座多用途的拉奇斯建筑综合体中——1938 年它刚开放时，被赞为"同一屋檐下的镇中镇"——一名访客可以点餐，逛逛底层商店，观看一部电影或一场舞台表演，然后订一间客房过夜。

除了拉奇斯以霓虹灯镶边的入口门罩外，我还注意到"萨姆的陆军和海军"百货商店，这是一家多层商店，出售露营装备、独木舟、运动服、休闲服装等等，一个户外爱好者可能想到的东西在这里都能找到。[1] 我还经过了一家咖啡馆，叫"摩卡·乔"，像鞋拔一样硬塞进一小块空间里，一半在人行道高度以上，一半在它下面。接下来的几个街区中，映入我眼帘的是一家老式风格的五金商店、一家有着奇怪名字"暗夜一支烛"的家居用品零售商、一家银行以及众多其他商家。

大概 1/5 英里之后，零售业渐渐稀少，一长列机构出现了。街道西侧矗立着第一浸信会教堂，阴郁如墓地，高大的维多利亚哥特式塔楼和深色的砖扶壁。东边则伫立着漆成白色的中央公理会教堂，精工巧作的木制塔楼上有早期的城镇时钟，还是詹姆斯·麦迪逊[1] 任总统时制造的。驾车离开主街转向 30 号高速公路和该州中心之前，我又发现了邮局、公共图书馆和布拉特尔伯勒的镇政府办公室。城镇中心看起来很完整，令人满意：城镇生活的所有核心元素都在 10 分钟的步行路程内，主街南北端的距离是 2/5 英里[2]。

---

① 詹姆斯·麦迪逊（James Madison，1751—1836），美国第四任总统。——译者
② 约为 644 米。——译者

　　每次我驾车穿过布拉特尔伯勒时，一个问题总会出现在我脑海中。这座规模不大的城镇是如何保持其主街活力的？过去布拉特尔伯勒并没有四年制的大学，而拥有大学正是许多小城镇繁荣的根源，这里也没有丰富的私人财富储存，但是这座小城镇的老建筑却处于维修良好的状态。整座城镇看起来充满了活力和生机。

　　布拉特尔伯勒的主街，向北望去，是玻璃屋顶的河流花园和中央公理会教堂。右边林木繁茂的山丘横卧在康涅狄格河的另一侧，位于新罕布什尔州境内。（Stevens & Associates 供图）

　　我很好奇，想详细了解，于是 2007 年，我在拉奇斯酒店预订了一间房间，并且让一个朋友和我一起，花了几天时间，骑自行车考察了这个地区。经过一番察看之后，我们意识到，主街上基本没有连锁商店和国家特许经营店。早几十年前，这个城镇中心也曾有包括蒙哥马利·沃德、F.W. 沃尔沃斯和 W.T. 戈兰特这样的全国性或区域性的零售商，但现在那些商户都迁走了。现在也有一些较新的连锁店入驻，但大部分连锁店集中在以汽车行业为主导的商业地带，比如北边的普特尼路，而不是落脚在城镇中心。

这座城镇一直在持续发展，得益于布拉特尔伯勒当地人和新来者的某种混合。从20世纪60年代后期开始，那些新来者以富有想象力的个性开设了各种商店。一些商店，像汤姆和莎莉的手工巧克力店，由一对夫妇创办，他们放弃了曼哈顿的金融职业，搬到佛蒙特州，他们在此经营了很多年，得过各种奖，之后在本地逐渐淡出。其他的商店也是，与社区生活水乳交融，才能一直延续至今。

除了主街，在类似艾略特街和高街这样的支路上，最好的零售商都很有特色。"暗夜一支烛"的联合创始人拉里·西蒙斯引用了尼采的一句话："没有一个真正的艺术家会容忍这个世界本来的样子，哪怕片刻也不行。"西蒙斯是位艺术家，一个对土著手工艺品具有敏锐眼光的人，也是老旧的、倒塌的木结构的装配者。他在世界各地的旅行途中收集那些土著手工艺品，然后陈列在他的进口商店里展示。[2]一个来自丹佛的访客在"暗夜一支烛"驻足，并在Yelp点评网站上发帖："天哪，这是多年来我所见过的最令人惊叹的家具设计商店，那里有印度、尼泊尔、非洲的东西，还有世界各地的地毯，以及精美的家具。"

许多商人和餐馆老板将那些非常规的空间纳入使用。酒店药房，得名于它最早开始的地方，那是主街上的布鲁克斯之家酒店，后来药房搬到一座退役的消防局里，几个年头后，又搬进了一座改作俗用的卫理公会教堂里，现今还在那里。我走进药房，一个带着40英尺高的尖顶的室内空间，阳光透过高高的窗户泻入。这是我所见过最亮堂、最通风的药房。

一天晚上，我和朋友去"鼹鼠之眼"吃晚饭并小酌，这是开在"布鲁克斯之家"的半地下室的一间酒吧。"布鲁克斯之家"，这座法兰西第二帝国风格的大楼，自1871年以来就坐镇于城镇中心的正中央，在主街和高街两条街道的拐角处。因为"鼹鼠之眼"酒吧低于地面，屏蔽了外面的声响和活动，感觉上就像一处避难所。布拉特尔伯勒大多数的企业大概不会像这家酒吧那样，要从公众视野中隐退，事实上，企业也不应该这样做，但是偶尔有那么一两家隐居者，去发现它们的过程还是很有吸引力的。

我最喜欢的地下空间是"摩卡·乔"咖啡馆。咖啡馆在主街最陡峭部分上的一幢红砖建筑物向下蜷缩的空间里。进入咖啡馆并不方便，要沿着一长串凹陷的踏步向下挪行，进入一处空间，这里以前是一家修鞋店。"摩卡·乔"咖啡馆的座位区无法提供街道或户外的景观，但是洞穴般的室内空间提供了一种幽静的隔离，成为远离繁忙街道的一处喘息之地，很受欢迎。毕竟，人们不想一直处于公开展示的状态中。

一处400平方英尺的避难所，属于咖啡因、咖啡蛋糕、谈话及沉思，自1991年以来，"摩卡·乔"咖啡馆便好像是布拉特尔伯勒的一个横截面，向我们展示了这座城镇艺术的、左派的、反主流文化的各元素，既适合群英汇聚，也适合"众人皆醉我独醒"的独处。一个星期五的下午，一个年轻人坐在房间另一头、远离我的一张桌子边，伏案写着什么。他一句话也没说，但他黑色T恤背面的文字说明了一切：

远离毒品

远离酒精

远离烟草

远离肉类

远离乳品

远离蛋类

在"摩卡·乔"咖啡馆，一个"有闲"的人总是可以与他人共享空间，可以是有共同看法的人，也可以是观点截然不同的人。这里可是布拉特尔伯勒，人们总是能够礼貌地对待分歧。

一对夫妇坐在一个角落里，在一个书架下面，下着棋，时不时轻轻地笑出声。一个年轻黑人女子（黑人是布拉特尔伯勒的小数量少数民族人口群体，这里94％的人口是不说西班牙语的白人）正在一个iPad上

"摩卡·乔"咖啡馆的柜台。这里通常生意很兴隆，这家咖啡馆的一部分是低于人行道高度的空间。正是该店的主要空间所具有的洞穴般氛围，使得它成为人们流连忘返的一处地方。（"摩卡·乔"烘焙公司供图）

写着什么。一对年轻男女，约莫 18 岁，在地窖后部的一张黑沙发上紧挨着坐，一起在一台笔记本电脑上工作。两位女士，一个六十来岁，另一个年龄大约是前者的一半，她们坐在一张桌子边，交谈着，跟她们一起的一个小女孩自娱自乐地玩着塑料积木。咖啡烘焙公司的项目经理本杰明·泽曼谈及咖啡馆时说："这是一个社区中心，主顾是这里的每一个人，各种年龄、各式各样的人都有。"

　　使得布拉特尔伯勒运行良好的关键是这座城镇紧凑、连通的布局。住在城镇中心或主街西侧的人，步行或骑自行车就可以方便地到达聚会场所，也可以满足日常生活中的大部分需求。乔埃尔·蒙塔尔奇诺 30岁不到，没有汽车的情况下，在布拉特尔伯勒已经生活七年了，她靠走路和骑自行车去往各处。"我总是看到友好的面孔。"她说，"数不清有多少次了，我与城镇中心的人们打招呼，对他们微笑，这样的情况多得数都数不过来，感觉好像每个人都对我的未来如此感兴趣。城镇中心有很多这样的地方，我可以随便走过去，喝杯咖啡，读点什么。"

　　许多年轻人住在城镇外面，那里的租金更便宜，但是他们在布拉特尔伯勒的城镇中心度过闲暇时光，因为这是温德姆县（Windham County）最有活力的地方。他们可以乘坐"潮流"①，康涅狄格河运输公司（Connecticut River Transit）的一种公共汽车，"公共汽车的司机和善热心，"泽曼说，"他们记得你是谁。"

---

① 　"潮流"是佛蒙特州东南部的公共运输公司，通过十多条公共汽车线路、针对老年人和残障人的厢式小型货车以及志愿司机，为温德姆县和南温德姆县的 30 座城镇提供服务。——译者

　　主街的人行道，顺着"摩卡·乔"咖啡馆入口下坡的那一段，是年轻人最喜欢的一个地点，在那里他们出售自己制作的艺术品，赚点钱。（菲利普·兰登 摄）

布拉特尔伯勒个性的根基

布拉特尔伯勒是怎样成为一个在物质空间和社会交往上都接合良好的社区的？地理发挥了至关重要的影响作用。18世纪早期，康涅狄格河上游位于英属北美（British North America）的前沿，如果英国定居点要扩张，那里就需要得到保护。1724年在滨河地区竖立起来的达默要塞（Fort Dummer），一个碉堡加防护栅栏，后来由其附近的布拉特尔伯勒慢慢扩大。开发沿着像惠茨通溪（Whetstone Brook）这样的溪流扩展，惠茨通溪顺着山丘奔流而下，汇到康涅狄格河。靠水力提供能量的各种工厂，生产出木材、家具、纸张和羊毛。1850年，铁路修到这里，大大激励了工业化。印刷和乐器制作成为当地的特色产业。

周边的丘陵有助于将建设挤压进一个相对较小的地区，而发展的紧凑性强化了这座城镇的活力。演讲者们经常说，如果你想要让听众有参与感，气氛积极活跃，那就把听众们塞进一个几乎不足以容纳他们的房间里。对社区来说，同样如此。

压缩的发展促成了这座城镇物质空间上的魅力。"建筑物的高度合适。"新罕布什尔州基恩（Keene）附近的一名建筑师丹·斯卡利谈及布拉特尔伯勒主街时说。三层到四层楼的高度，比佛蒙特州大多数主街上的建筑物要高出整整一层楼。它们赋予主要通道一种意想不到的、强劲的都市感。一家当地的工程和建筑公司"史蒂文斯＆合伙人"的负责人罗伯特·史蒂文斯将主街描述为一个很好的"户外房间"，"那些建筑物就是墙壁，墙壁限定了空间。"根据他的估计，如果建筑物的高度是街道（包括人行道）宽度的 1 到 4 倍，那么这个比例是最合适的。他观察到，主街的商业部分，建筑物高度大约是街道宽度的 1.5 倍，感觉上非常恰当。那些从西面进入城镇中心的街道，如平街、艾略特街和高街，在到达主街时，以丁字交叉路口的形式结束，而不是朝着河流继续延伸。一般来说，丁字交叉路口对行人、对安全都是有好处的。"与十字交叉路口相比，丁字交叉路口的事故概率低得多。"史蒂文斯指出。

20 世纪 60 年代，91 号州际公路在城镇中心以西 1 英里左右的地方

商店、餐馆和其他业务占满了主街三层和四层建筑物的底楼，楼上则是公寓和办公室。这些建筑物的高度营造出一种相当都市化的感觉。（菲利普·兰登 摄）

修建，新的高速公路并没有产生虹吸效应，将所有交通从老的中心吸走。来自马萨诸塞州、康涅狄格州和纽约州的稳定客流会离开州际公路，沿着运河街行驶，然后沿主街北上。作为马萨诸塞州先锋谷上方第一个具有相当规模的城镇，布拉特尔伯勒得以持续地向滑雪者、徒步旅行者、度假者和来自南方大都市地区的人们展示其魅力。

　　另一个对发展有影响的是布拉特尔伯勒疗养院，创办于 1834 年，当时是佛蒙特州精神病人收容所。疗养院位于城镇中心北部边缘，保留了宜人的老建筑和庭院，如今，那里为心理健康和成瘾行为提供住院和

　　布拉特尔伯勒疗养院的庭院，位于主街尽头，布拉特尔伯勒公地的北面。这里是绿色博览会的举办地，也是"周末小母牛巡游"的终点。（菲利普·兰登　摄）

门诊治疗。该机构的工作人员为布拉特尔伯勒带来了一批有丰厚待遇的专业人士，他们支持主街的企业，并向社区施加了自由化的影响。几十年来，这座疗养院从未脱离过城镇中心圈，相反，疗养院使得地区居民更关心患有精神疾病的人们，病人们也经常外出游玩，城镇居民则常常参加病人的活动。由于这些互动，在布拉特尔伯勒，社区的定义比在其他许多城镇更加具有包容性。[3]

温德姆县成为 20 世纪 60 年代后期回归土地运动（the back-to-the-land movement）的温床，很可能是因为它的宽容氛围、不贵的农村土地和易于到达的东北部地理位置，当然还有它的文化制度建设，比如马尔伯勒音乐节。每年夏天，音乐节都会吸引数千人前往布拉特尔伯勒以西十几英里的马尔伯勒学院的校园。20 世纪 60 年代、70 年代，嬉皮士公社突然出现在这个乡村，且每个都有其自身的个性。当地农民向年轻的公社成员提供帮助，后者刚到这里时，对于如何种植东西所知不多。布拉特尔伯勒的报社记者诺曼·朗尼恩这么总结这里的地方气质："布拉特尔伯勒的人口有多少，这里能够包容的不同看法就有多少，几乎没有人会将自己的意愿强加给别人。"[4] 这种开明的风气使这座城镇受益良多。

采取主动

当城镇中心似乎处于某种危险中时，当地人就会行动起来，他们的反应能力已经被反复证实。比如 20 世纪 90 年代后期，当时布拉特尔伯勒有 56 个空置的门面房，其中大约 30 个位于城镇中心。"我们做了一些创造性的事情，就是把艺术品放在这些空置的地方，看起来像是什么事情正在进行中，这比光看一个空荡荡的地方好太多了。"布拉特尔伯勒选举委员会的前成员格雷戈·沃登讲述着。沃登现在从商，经营着佛蒙特州手工艺设计公司，他谈到河对岸新罕布什尔州的沃尔玛开业了，很可能会导致一些商店关闭。商人们担心，这座城镇可能遇到了麻烦。

小母牛巡游

2001 年，德怀特·米勒，一座农场和果园的所有者，其家族在布拉特尔伯勒北部经营这座农场和果园已达七代。米勒向一个邻居哀叹道："农民们正在慢慢破产，人们不知道自己吃的食物来自哪里。如果他们能知道农业种植有多么艰难，他们就会支持当地的农民。"[a]

幸运的是，他对之倾倒苦水的女士是奥利·蒙钦，她最近刚去过西班牙的潘普洛纳（Pamplona）奔牛节。他俩的谈话诞生了一个主街游行的想法，游行不仅有助于帮助该地区的农民，也会在每年 6 月第一个周末游行举行时，将人群带到布拉特尔伯勒的城镇中心。蒙钦和一支志愿者团队，其中包括城镇中心的商人，一起组织了"小母牛巡游"活动，2002 年，第一支游行队伍沿着主街缓缓前行了。

a 小母牛巡游，"我们的故事"，http：//www.strollingoftheheifers.com/our-story/,2016 年 10 月 3 日的访问页面。

　　来自地区各学校的未来农民们，还有 4-H 俱乐部的成员们，他们将穿戴整齐的小母牛犊子带到镇上来，然后将它们从主街尽头步行带到城镇中心。城镇中心坐落在一个高地上，俯瞰布拉特尔伯勒疗养院。跟在小母牛之后来到的是其他牲畜，马、骡子、牛，有时也有山羊、猪、鸡、美洲驼和羊驼，再后面跟着拖拉机、小丑、花车和乐队。

　　这项活动已经变成了一项持续两天的活动，从周五晚上主街的一场街头集市开始，包括美食、游戏和音乐。星期六游行的高潮是布拉特尔伯勒疗养院庭院里举办的一场绿色博览会。博览会的重点是推出当地的食品生产商、手工艺人，还有烹饪演示、林业和节能信息，以及以布拉

在一年一度的"小母牛巡游"活动中，小奶牛多半由来自布拉特尔伯勒周边各城镇的男孩女孩牵引着向主街上方前进。（菲利普·兰登 摄）

特尔伯勒为基地的新英格兰马戏艺术中心的演出。

巡游建立起一种社区精神，并向当地人和游客介绍了布拉特尔伯勒的餐馆、商店、艺术家等方方面面。自巡游开始以来一直在管理此项活动的蒙钦说，一些游客是从有关"自产自销指数"（Locavore Index）的媒体报道中首次知道这个活动的，而这个指数是蒙钦的组织根据50个州在促进当地来源食品方面的情况给出的年度等级评估。

随着游行和博览会逐渐被大家认可，"小母牛巡游"公司也接管了河流花园的运营。那里也有一系列活动，包括为小型企业提供孵化，"从农场到餐盘的烹饪学徒计划"（Farm-to-Plate Culinary Apprenticeship Program），后者旨在给人提供资助，教授烹饪工作技能，帮助人们在接待和餐饮服务中找到工作。

斯坦利·"帕尔"·波洛夫斯基的家族自20世纪30年代以来就经营着"萨姆的陆军和海军"百货商店，现为"萨姆的户外旅行用品商店"。波洛夫斯基召集包括沃登在内的几个商家，建立了一个名为"建设一个更好的布拉特尔伯勒"（BaBB，Building a Better Brattleboro）的组织，制订计划来应对所面临的经济挑战。"年复一年，人们总是在研究应该做些什么。"沃登回想说，"可是研究出来的计划被束之高阁，什么也没做。我们想着，成立一个组织会有所帮助，通过组织来真正地做一些事情。"

BaBB依靠自身解决了一些难题，在BaBB无法独立解决的问题上，它与城镇政府一起来寻找方法。该城镇设立了一个城镇中心改善区，通过补助金、对物业业主的特别评估等方式来提供支持。一项立面改善计划升级了城镇中心建筑物的外观。在城镇最显眼的位置，主街和高街上，有一栋被烧毁的建筑，以前是日特爱德药店①，那里被夷为平地，然后在平地上，BaBB 主持建造了罗伯特·H.吉布森河流花园。花园里有一座带有玻璃斜屋顶的社区建筑，后部还有一个平台，站在平台上，可以看到新英格兰最长河流的景观。

从河流花园出来，穿过主街，那里有一家空置的邓肯甜甜圈店（Dunkin' Donuts）②。BaBB，后来改名为"布拉特尔伯勒城镇中心联盟"（Downtown Brattleboro Alliance），买下了这座建筑物，然后拆除，在这块土地的前面部分建了一个小公园，普利尼公园。这块土地的后面部分则被开发成一家泰国餐厅。因此，除了在河滨花园有一个富有吸引力的室内聚会场所之外，布拉特尔伯勒现在还有了一个小型公园，音乐会在那里举办，人们在等候公共汽车时，也可以在那里舒舒服服地坐一会儿。

渐渐地，这座城镇越来越重点突出艺术家和手工艺人，并展示他们的作品。自 1995 年以来，每个月的第一个星期五晚上，都有一个全镇范围的"画廊徒步"活动，画廊和工作室向公众敞开大门，布拉特尔伯勒博物馆亦是如此。作为活动的补充，餐厅、咖啡馆和各种机构，在其墙上全年性地展示当地的艺术作品。

---

① Rite-Aid，美国四大连锁药房之一，另外三家分别是 CVS、爱克德以及沃尔格林斯。——译者

① Dunkin，美国快餐食品企业，主要开展"邓肯甜甜圈"的特许连锁经营。——译者

五金商店之战

当布拉特尔伯勒的核心业务和服务受到威胁时，市民就行动起来。2003 年，全球最大的五金连锁店宣布，将在帕特尼路上的一家购物中心内开设第 4 552 家家得宝（Home Depot）①商店。该公司选择了一处60 000 平方英尺的空间，由一家折扣百货商店腾出，这个规模只是普通家得宝商店的一半，但人们还是担心这家商店会对本地零售商产生影响，比如"布朗与罗伯茨"商店，这是帕特南家族自 1970 年以来就在城镇中心经营的一家五金商店。一个市民团体"布拉特能量"号召人们"支持我们的地方经济"。该团体组织了一个社区论坛，并在反对"家得宝"商店的请愿书上收集了 3 200 个签名。该组织还投放了广播和报纸广告，概述当地持有企业的好处，警示大型连锁商店的隐性成本。[5]

家得宝还是开业了，但是社区已做好了准备。城镇居民们到"布朗与罗伯茨"商店买东西，比以前买得更多。"当地有一个非常强烈的意图，要将资金留在该地区内循环。"韦斯·卡廷说。他是一个建筑承包商，住在布拉特尔伯勒以外几英里。他说："我尽量不去家得宝，免得在那里撞见某个邻居而尴尬。在我为数不多的造访中，有一次我看到了一个生意上的熟人，我就躲在一只陈列柜后面，不想被他看见

---

① 美国最大的家居建材超市，也是北美三大电器连锁零售商之一，另外两家是西尔斯（Sears）和百思买（Best Buy）。——译者

我在那里购物。"

"我们曾经有过最好的圣诞季。"保罗·帕特南说，他是持有"布朗与罗伯茨"五金商场的三位帕特南兄弟之一，"我们的顾客是忠诚的，也有很多关于支持本地五金商店的讨论。人们意识到，如果本地商店歇业，他们去哪里购物就没有了选择，只有一个地方可去。"

结果是，四年之后，家得宝于 2008 年春季关闭了布拉特尔伯勒商店，还关闭了其他地方的 14 家商店，因为它判定，这些商店的收入太少了。[6] 而大部分因家得宝关闭而失去工作的员工，在新罕布什尔州的基恩或马萨诸塞州的格林菲尔德的连锁商店里又重新找到了工作。居民们松了一口气，"布朗与罗伯茨"仍然在主街和高街的拐角处营业。当地人的忠诚取得了胜利。

布鲁克斯之家的大火

近期，对布拉特尔伯勒城镇中心活力最严峻的挑战是一场大火。2011 年 4 月 17 日，星期日的晚上，大火重创了布鲁克斯之家，主街的坐标，一座折腰式坡屋顶① 建筑。一堵墙内，火焰从多年前一根金属钉打孔穿过一根电缆的地方喷发出来。该建筑上部的几层楼都着火，因此 67 人不得不疏散撤离。这栋建筑自 1871 年以来就是布拉特尔伯勒的中心，里面有"鼹鼠之眼"酒吧、阿达乔餐厅、"书窖"地下室书店和其他零售商，连同 59 间价钱不贵的公寓，这些公寓过火后已变得不适合

---

① mansard-roofed，折腰式屋面、孟夏式屋面，亦称作法国式屋顶。——译者

居住。

接下来的几周里，人们组织了即兴节日和其他活动，收集了 27 000 多美元来帮助流离失所的居民。州长彼得·舒姆林来到镇上，并告诉记者，虽然第一个想法是把落锤破碎机开进来，把这栋建筑给拆了，但是"工程师、政府和布拉特尔伯勒镇正在共同努力，以确保我们不做出任何糟糕的判断"。[7] 这栋建筑结构，占据了一个街区中的绝大部分，大致上保存尚好，但是大面积的过水意味着，室内将不得不清理、装备，并达到当前的建筑规范标准。修理是一桩耗费昂贵的事情，对于一个并不富裕的城镇来说，颇有难度。

几个月来，这座建筑人去楼空。"鼹鼠之眼"酒吧、书窖和其他许多商铺再未开业。胶合板覆盖物上绘制了壁画，以便让这个场景看上去给人多一点希望。所有者乔纳森·蔡斯想让这座建筑物复活，他的家族长期持有这栋建筑。花费 150 万美元用于稳固建筑结构后，蔡斯得出结论，财务上他已无力承担这个项目，于是他将建筑物挂牌出售。对有能力完成该修复项目的当地金融者们来说，这是一次突然而至的狂热围猎。梅萨比 LLC（Mesabi LLC），一个由工程师罗伯特·史蒂文斯领导的五位投资者的团队，他们长期参与这里的社区工作，最终胜出。这个新团队花了很长时间才找到了一家愿意资助该项目的银行，设计和寻找资金花了差不多两年时间。

这项修复工程得以向前推进，耗资也一路升至 2 400 万美元，这大概是同类 80 000 平方英尺项目在公开市场上造价的三倍左右。[8] 商业空间的租金估计每平方英尺产出约 18 美元，史蒂文斯指出，"现如今每平方英尺 18 美元，根本无法建造任何东西。"挽救该建筑，使得这座城镇的旗舰角落得以复活的一个方面是政府的各项计划安排，其中主要的是联邦历史税收抵免、针对低收入人口普查区的新市场税收抵免（New Market Tax Credits），以及社区开发的街区补助金。当地居民的奉献同样是至关重要的。

一些居民甚至将退休储蓄投资于"布鲁克斯之家"的个人退休账户，得到的承诺是，年回报率3%，为期10年。这项投资被定位为一种"城镇利益"（civic benefit），史蒂文斯说，居民们踊跃参与其中，因为"我们需要能够收集到的每一个美元。"他称这种募集资金的技术是"社区赋予可能性的发展"。这一集资构成了该项目中650 000美元社区股本的一部分，而这一部分资金对该项目的资金储备来说，是不可或缺的。

从"布鲁克斯之家"可以推导出一个经验，一个有用且有吸引力的商业区具有持久力：当其处于危险境地时，人们为了拯救它会任劳任怨地付出。可是一条路边商业带陷入衰败时，人们大多耸耸肩膀，继续驾车往前。人们不会依恋大盒子式的商店、"开车通过式"餐馆，他们也不会为了拯救三流环境而做出牺牲。另一方面，一个适合步行的城镇中心是这样一个地方，人们认同它，为了确保它的生存，愿意坚持不懈地工作。

"布鲁克斯之家"于2014年8月重新开业。其空间被重新配置，1/3的餐厅和零售空间（位于底层及底层以下的空间），1/3的办公室和大学用途（位于一楼和二楼），以及1/3的居住用途（位于顶部几层）。两所教育机构——佛蒙特州社区大学和佛蒙特州技术大学——搬进了这座大楼，给城镇中心额外带来了400个大学生。在他们来之前，城

由社区主导、花费 2 400 万美元修复的"布鲁克斯之家"。"多"（Duo）餐厅坐镇于主街和高街交叉口的拐角处。这幢大楼内还有两所大学、23 套公寓和其他商业空间。（Stevens & Associates 供图）

镇中心的大学生人数一直极少。自 1997 年以来，马尔伯勒大学（Marlboro College）① 在城镇中心的南面尽头开设了一个小型的研究生和专业研究中心，国际培训学院则在城镇中心以北约 3 英里的乡村开设了一个研究生项目。新来的这两所州立大学极大扩展了布拉特尔伯勒的大学生人数。

到 2016 年，所有的办公和居住空间都已被占用，八个零售单元中的六个已被出租，包括底层的转角。租用这个转角的名为"多"的餐厅，以采用该区域内生长的烹饪原料为特色。"布鲁克斯之家"的顶部几层

---

① 一所小型私立文科大学，位于佛蒙特州的马尔伯勒。——译者

有 23 套公寓，从为数不多的限价单元，到市场价格的两卧室单元，以及一种复式顶层豪华公寓。"这是第一次有人开发投放地处城镇中心的高端公寓。"史蒂文斯指出。那些退休人员，在乡村已经拥有住房的，现在想住在城镇中心，就租用这些公寓，有的是只租用某个时段，有的则全时段租用。

下一步是要将"布鲁克斯之家"后面的一个停车场转变为一处公共空间，在那里可以举办艺术交易会，演奏音乐，举办农夫集市和其他活动。一家非营利组织已经成立了，便于为这个命名为"和谐之地"的公共空间收集捐款。"城镇中心联盟（Downtown Alliance）将参与合作，来管理这个公共空间里的活动。"史蒂文斯说，"如果你想要一个活跃的公共空间，就得有人管理它。"

让步行者感觉舒适

就像许多新英格兰城镇一样，布拉特尔伯勒有着早于汽车时代就已经存在的街道和建筑。在许多方面，这种旧时的布局对于保持步行者的优先起到很大作用。商业建筑直逼人行道，有些建筑很狭窄，大约 40 到 60 英尺宽，这让人们在步行路过时产生一种景观感受，即连续性的事物在眼前次第展开。许多大型商业建筑的临街面被分隔成狭窄的店面，这同样为行人增加了视觉趣味。

街道以奇特的新英格兰方式广泛连接，并以各种不同的角度相交。高街在其标高下降路段与主街相交，街面渐渐地拉平，呈现出一幅精美的建筑全景画面。笔直往前走，是一栋宛如一只"珠宝盒"的建筑物，三层楼高，三个开间宽，整个建筑全部采用新古典主义的装饰：带有凹槽的壁柱，有着拱心石的窗楣，以及被细分成小玻璃窗格的窗户。旁边是有着锯齿状檐口或女儿墙的建筑物，以充满力量的高贵姿态直逼天空。通过覆盖公共空间，这些突出的建筑体量进一步限定强化了公共空间。

停车对城镇中心及其可步行性的影响是混合的。一方面，总有人要开车出行，停车场是必不可少的。2003 年，该镇建造了第一个，也是唯一的公共停车库，那是一座可容纳 300 辆汽车的五层结构。停车库的地面层是布拉特尔伯勒交通中心（Brattleboro Transportation Center），这种安排恰好证明了该镇感兴趣的机动出行方式并不止一种。布拉特尔伯勒交通中心负责协调这片区域以及当地的公共汽车之间的调度，促进全国铁路客运公司（Amtrak）的服务，设立空箱堆场等。地面停车遍布整个城镇中心，大部分在小块场地里，其中一些在建筑物后面，这样的设置，将对街景连续性的破坏降到了最低程度。防范起见，该镇通过了一项法令，禁止建造新的私有停车场，因为它们可能会破坏街景。

另一方面，路边停车是一项明显有利于行人的特征。主街的大部分路段沿线排列着街边平行停车位，这些停车位让开车出行的人得以靠近商店停车，同时这些依序停放的车辆，给行人造成一种感觉，即在这条 10 英尺宽的狭窄人行道上，移动车流和行人是分隔开的，堵车严重时更是如此。

大多数居民认为布拉特尔伯勒是一个良好的步行环境。"它非常适合步行，也易于到达。"迪伦·麦金农说，他在康涅狄格州长大，然后搬到了布拉特尔伯勒。"通常当你沿着某个（小型社区中心）外面的街道步行时，开车的驾驶员会盯着你看，"但是在布拉特尔伯勒，情形却非如此，"步行，"他说，"似乎是这儿文化的一部分。"

"这座城镇一直在追求的一件事情，就是从布拉特尔伯勒出发，你可以直接走到城镇外，走到各种休闲小径上去。"在附近纽法恩工作的林务顾问官乔治·威尔说，"你可以徒步走到城镇外面去，相当于是锻炼身体了。"如果你想增加强度，可以步行过桥，穿过康涅狄格河，到新罕布什尔州，徒步登上旺塔斯第奎特山，然后再步行回来。

关于进一步发展该镇步行和休闲网络的讨论一直在进行。佛蒙特州城镇中心行动小组呼吁建立一个开放空间网论，这个网络将接入河

布拉特尔伯勒镇，在主街与艾略特街的交叉口，人行道延伸进主街，这样步行对行人来说，就更加安全和舒适了。（布拉特尔伯勒镇的汉娜·奥康奈尔供图）

滨地区，充分利用像惠茨通溪这样的特色地形和地貌，这样就能在距离城镇商业和市民生活不远的地方，给人们提供一系列放松身心的场所。[9]

这座城镇花了很大力气，确保在那些漫长的冬季里，人们依然可以徒步四处走动，公共工程部使用一种与高尔夫球车一样宽的雪犁，清理出大约 14 英里长的人行道，大部分位于城镇中心的边缘，以及儿童步行上学的路线上。在城镇中心内部，建筑物和商店的业主需负责将他们前面的人行道清扫干净。

2012 年，布拉特尔伯勒镇上，有三个行人被机动车撞死，人们很震惊。一个社区团体，布拉特尔伯勒安全街道项目，倡导改善街道安全条件，镇政府也已经行动起来。[10] 该镇在一些长的街区建立了街区中段的人行横道，并一直在设计应对方案，使这些人行横道对迎面而来的车辆来说，更加醒目。"最近的一项新方案，可以在那些街区中段的人行横道处很好地发挥作用，那就是安装闪光灯。行人只有按下一个按钮，闪光灯才会被激活。"城镇经理彼得·埃尔韦尔说。经验表明，如果一个信号灯一直闪着，那么只有 40% 的司机会停下来，埃尔韦尔说，如果必须得有人按下按钮信号灯才会闪烁，那么 85% 到 90% 的车辆会停下来。

城镇中心的人行道已经延伸到某些角落地带的街道，起到警示驾驶员减速的作用，同时缩短行人不得不穿越的街道距离。这些做法的一项额外收益是，这些更加安全的人行道促进了社会交往。"在人行道变宽的地方，人们就会倾向于聚集在一起，"特别是在像游行之类的活动中，埃尔韦尔说，"就是将这个空间归还公众。"除了在物质层面进行各种改善之外，这座城镇还认识到建立一个自觉、可清楚理解的结构体系的必要性，以促进有关安全事务的决策制定。这样一来，埃尔韦尔说，"公众就知道我们是如何着手处理问题的，也知道该如何向镇政府提出想法或提案了。"

互惠的重要性

　　布拉特尔伯勒城镇中心的零售商们正在为抵制严苛的经济制约而斗争。截至 2014 年，佛蒙特州的平均家庭收入为 53 000 美元，全美的平均家庭收入也是 53 000 美元，布拉特尔伯勒的平均家庭收入约为 41 000 美元，都在两者之下。[11] 由于银行合并、康涅狄格河上的佛蒙特州－扬基核电站关闭以及两家规模颇大的公司搬迁到城镇中心以外等事件的影响，当地就业大受冲击。受社群主义伦理的影响，佛蒙特州的税收，比倡导"不自由，毋宁死"（live free or die）的新罕布什尔州更高，税目也更多。城镇中心用于零售业经营的建筑，空置不多，但转手率很高。那些"大盒子"商店①，已经从河的新罕布什尔州一侧，切入到布拉特尔伯勒的零售业。布拉特尔伯勒是餐饮、文化和娱乐消遣的一个目的地，所以度假者、那些在山里有度假屋的业主们，很喜欢去当地的商店、画廊和餐馆。主街人行道终日熙熙攘攘，工作日大多是当地人，周末则是外地人。

　　远途游客成为诸如"萨姆的户外旅行用品商店"此类商店的回头客，

---

① big-box stores，超级商场的俗称，一般是连锁店。——译者

后者以价格合理的户外服装和休闲服装而闻名。"顾客与你建立起了一种关系。"帕尔·波洛夫斯基说，他的家族于 20 世纪 30 年代创办了"萨姆的陆军和海军"百货商店，运营至今。"顾客们记得这家店，就成了回头客。"布拉特尔伯勒零售业的成功印证了一个基本公理：人们对那些用心对待顾客的当地商家，往往很忠诚。

微小的善意比比皆是。"小母牛巡游"期间，我在看年轻人赶着各种动物沿着主街上行的同时，注意到还有一支巡游者排成的长队，他们在等待使用"摩卡·乔"咖啡馆的洗手间，可咖啡馆没有要求这些人必须在他们的店里买点什么。我向"摩卡·乔"咖啡馆的本杰明·泽曼提及此事，他说，无论是巡游当天还是其他任何日子，咖啡馆从未有过一条"洗手间仅供顾客使用"的政策，"我想绝大多数布拉特尔伯勒人都会这么做的。"他说，"我们是一个非常好客的小镇。"

"布朗与罗伯茨"五金商场的保罗·帕特南跟我讲了一些类似的事情，与五金店后面的小停车场有关。帕特南经常看到有车泊在停车场里，但那个时候这些车的主人并不在商场里购物。帕特南的态度是让他们停车，这是一项增进善意的政策，他说："他们是我们的顾客，只不过在那个特定的时刻，不是我们的顾客而已。"帕特南确信，他的父亲和合伙人 1970 年买下"布朗与罗伯茨"商场后，是依靠倾听顾客的愿望而坚持下来的。"如果我们听到两三个顾客的反应，说要某样商品，我们就会想去备货。"帕特南说，"最初几年，我们一而再再而三地增加库存，要把顾客想要的商品都纳入进来。顾客在店里消费 79 美分还是 79 美元，并不重要，重要的是，顾客想要的东西，店里都要有。我们靠这一点赢得了顾客们的忠诚。平均而言，我们店里每平方英尺的商品数量比普通五金商店多出 50%。"

2013 年，帕特南 65 岁时，他和兄弟们将"布朗与罗伯茨"五金商场卖给了一个持有佛蒙特州另外五家五金商店的人。这个新主人将库存减少了一点，但整体理念并没有变。帕特南说，他留在这家多层楼面的商店里做一点兼职工作，他在店里走来走去，高低不平的木地板嘎吱作响，"我们一直都是价格公道，人们愿意在这里购物，因为他们知道我们很公道。"

合作社得留在市中心

适于步行社区的一个关键元素是一家位置方便的杂货店。在布拉特尔伯勒的镇中心，布拉特尔伯勒食品合作社就承担了这一角色。

这家合作社于 1975 年在一间车库里开张，后来搬到青山健康中心的一处泥质地面的地下室。最初，它是少量家庭的一个购物俱乐部，后来发展出 2 000 平方英尺的店面空间。1988 年，它进驻主街尽头附近的一个小型购物中心，布鲁克赛德广场的一家 11 000 平方英尺的商店。到 2002 年，合作社拥有近 6 000 个活跃的股东，还有许许多多不持股份的顾客，合作社觉得有必要再次换址扩张。问题是，合作社会离开市中心吗？

"一个开发商找我们商量，"合作社长期以来的总经理、现已退休的亚历克斯·吉奥利说，"他问我们，'你们考虑搬出市中心吗？'"

开发商的想法是，将合作社安置到一个 45 000 平方英尺的空间中，那里以前是一家超市，在普特尼路（Putney Road）一家购物中心里面，位于城镇中心的北面。吉奥利说，那里能提供"你梦寐以求的所有停车位"。在大型委员会会议和小组会议环节中，合作社在利弊得失之间反复权衡。"人们没有谈到食物，"吉奥利回忆说，"他们谈论的是合作社在社区中的角色。"

　　"建设一个更好的布拉特尔伯勒"（BaBB）组织认为，合作社应该留在城镇中心，在那里，它就像社区的一个"压舱石"，类似的还有"萨姆的户外旅行用品商店""拉奇斯复合商店"以及"布朗与罗伯茨

　　布拉特尔伯勒食品合作社的新店和办公室于 2012 年开业，占据运河街和主街上的这幢建筑物的下面两层。上部楼层是价格合理的公寓。（彼得·莫斯 / Esto 拥有图片版权，戈森斯·巴赫曼建筑事务所供图）

五金商店"。2004 年，持留在城镇中心观点的那一方胜出，合作社接着就买下了将近 4 英亩的布鲁克赛德广场。2009 年，合作社决定将广场夷为平地，并在那个中央的位置，即主街与运河街交会的地方，建一座新的 15 000 平方英尺的商店。

商店在建筑的地面层，二楼是合作社办公室和一间示范厨房，人们可以到示范厨房学习有关营养和健康饮食的知识。原本的计划就是这些，但是吉奥利说，"镇里不少人很关注价格可负担的住房这一问题，而这些人中，又有很多是合作社成员。"最终，合作社决定通过与非营利组织"温德姆和温莎住房信托基金会"合作，给该项目增加住房空间。于是产生了一项颇为复杂的财务安排，在这个安排下，信托基金承担了给建筑物额外增加两层楼的建造费用。增加出来的两层楼由这家信托基金会管理，里面有 24 套公寓，价格分三个梯度，确保大多数人都能负担得起，收入不高的人也能住在那里。

"温德姆和温莎住房信托基金会"执行董事康妮·斯诺指出，将公寓建在杂货店及其办公室上面，就产生了一座四层楼的建筑，这本身创造了一个更具城市氛围的街道景观。来自商店制冷设备的余热被回收用于公寓供暖。这幢合作社建筑，主要以佛蒙特州的石板包覆，由戈森斯·巴赫曼建筑事务所设计，2012 年完工，更加强化了主街和运河街的地位。"城镇中心需要支撑。"吉奥利说，"需要一个吸引人流的企业进来。"的确，事遂人愿。

这样的事在布拉特尔伯勒一再发生：人们发声支持这样一种理念，城镇中心必须保持基本的经济活动，不论人们开不开车，都能很便捷地到达那里。布拉特尔伯勒拥有这样的民众，他们将自己视为社区的一分子，是市民，是彼此的邻居，而不仅仅是消费者或经营者。

这种态度正在被不同领域内的各种企业所接受。已经在布拉特尔伯勒开设了一系列餐馆的主厨马修·布劳，出道时只做定位顶级价格的餐饮。"15 年前，我只服务那些可以一餐花费 100 美元的人，"他说，"现在，我为花 20 美元的人提供食物。价格点上，我一直在稳步降低。"布劳这么做，不仅由于许多居民的收入有限，也因为他的观点转变了，"人们需要的是一顿味道好、热腾腾的填胃餐，价格在 12 美元左右，甚至更便宜。"他说，"这样的一顿饭，既要健康，又要吃起来便当。"2014 年，布劳开设了米拉格罗斯墨西哥厨房，主街上的一家餐馆。在那里，一个填满豆荚和奶酪的玉米卷煎饼，配墨西哥米饭、生菜和新鲜的辛香番茄酱，价格为 5.95 美元。顾客们自己到一个柜台上取餐食，然后带到他们的餐桌上，小费也取消了。

我尝过这样一份快餐，食物本身很好，但在这个县里，截至 2013 年，12.4% 的家庭生活在贫困之中，经济状况不给力，餐馆的经济账还是算不过来。米拉格罗斯墨西哥厨房撑到了 2015 年，不得不关闭。布劳并没有放弃，他转向了另一个颇有经济头脑的生意概念，在同一地点开了一家新餐馆，"布拉特尔堡"（Brattleburger）。[12]

在布拉特尔伯勒这样规模的一座城镇，布劳说："你必须从每个年龄段的人群中都争取到一定份额的顾客。"布劳确信，不论什么样的人，都能在主街上得到某种需要的服务。"我们得待在市中心经营，这一点

星期五晚上的街头节日期间，"庆典"铜管乐队在靠近艾略特街的主街上演出。该节日是为每年六月第一个星期六的"小母牛巡游"预热准备。（菲利普·兰登 摄）

非常重要。"他强调，"到城镇中心居住的人逐年递增，越来越多的人骑自行车进出市中心，步行的人也更多了。原来步行到市中心指的是两个街区的距离，现在则延长到3/4英里了。"

一个变化中的社区

"市中心永远不会停滞不动，""暗夜一支烛"的共同拥有人唐纳·西蒙斯说，"保持市中心的生命力与活力，这是非常艰难的活儿，而且市中心总是在变化。"

布拉特尔伯勒的发展，越来越关注人们闲暇时间在做些什么。"现在市中心有一种欣欣向荣的趋势，即成为文化和娱乐中心，同时带有一些商业。"西蒙斯说，"真的就是这个模式。"餐厅、咖啡馆和艺术画廊完美契合了这一趋势，同时，保持日常功能性依然很重要。布拉特尔伯勒城镇中心之所以吸引人，其中一个原因是，它仍然满足人的许多日常需求。这些日常功能，比如买杂货，买衣服，进五金商店和药店，光顾图书馆和邮局，去镇办公室，甚至还有去教堂，都凸显了布拉特尔伯勒的某种真实性。这座城镇服务于每个人。

未来，这个社区还将因市中心日益增加的居住人口而得益。人口数量持续扩张，特别是，如果这些居民既不全是低收入者，也不全是富人，将会进一步激活城镇中心，保持不同业态的商业周转顺畅。某些类型的零售可能会增加，特色食品商店，与布拉特尔伯勒食品合作社相辅相成，可以经营得很好。商业顾问们已经发现了专业零售的机会，特别是服装行业，还有诸如洗浴、化妆品和日间水疗等个人护理类的商店。[13] 提供高档服务的企业，只要不挤出必需品业务，也能持续经营下去。

社区需要人人都参与进来，而参与取决于频繁的人际接触和对话。正如迪伦·麦金农的父亲斯科特·麦金农所言，"从一个政治的视角来看，适于步行的城镇更容易治理，因为市民相互之间经常进行目光交流。"斯科特·麦金农在康涅狄格州的东哈达姆镇经营着一家农场，在哈特福德（Hartford）① 的东南面，他也曾在东哈达姆镇担任行政委员，他说，"对于民选官员来说，要争取居民对一项倡议的支持，在一个适于步行的社区所花的精力，相比在一个汽车郊区，通常要少得多。我喜爱的东

---

① 美国康涅狄格州首府。——译者

哈达姆镇是一个汽车郊区，由两个未经充分开发的商业村组成，可步行性较差，在那里，某项特定政策能否得到支持，非常难以预测。如果政客没有非正式的、日常的方式与他们的选民互动，那么他们就错失了一种至关重要的治理工具。"

布拉特尔伯勒为何能运作得如此井井有条，建筑承包商韦斯·卡廷提供了另外一个原因。他观察到，布拉特尔伯勒的许多销售品，特别是销售这些单品的艺术画廊、工艺品商店和书店，都有一种源自"这座城镇对文学、音乐和各类艺术的真正兴趣"的精神在里面。卡廷说，"走进那些商店的感觉简直好极了，我想，正是因为里头有人的一种精神，人们热爱这件事并想要做成它的精神。"

卡廷补充道，"我认为，布拉特尔伯勒给人充满活力的感觉，其构成基础是，人们对于生活在这里，过这样一种生活，满怀热望。人们觉得与这个地方，与这里的人，彼此相连。而这背后，还有更深一层的，人们想要探寻生活的真正价值，并活出这种价值来。我想，人与人之间的关联，比商业利益更重要。人际关联和商业利益，这两者之间的关系是在动态变化中的，我相信其他适于步行的社区也是如此。"

帕克·胡贝尔住在城镇中心北面不远的河边，他1983年来到布拉特尔伯勒，这个地区的独特个性和社交活动吸引住了他。胡贝尔那时在一个民间舞蹈团体里跳舞，因而十分赞赏布拉特尔伯勒对于各类艺术的热情。"我的看法是，艺术家对不同的地方具有特别的敏感，并能为这个地方注入创造性。"胡贝尔骑着一辆自行车四处游逛，他认为这个社区的规模是一个关键因素，"我觉得，正是它的小，至关重要。"他说，"如果你要这要那，反而会丢失了那种宝贵的内蕴。"

　　理查德·维赞斯基1968年时是该县最著名的公社"包装工角落农场"
（Packer Corners Farm）的创始人之一，现在是一名教育顾问。他仍然
住在这个地区。对他来说，布拉特尔伯勒的吸引力植根于友善和熟稔。
"漫步布拉特尔伯勒的乐趣之一，就是遇见这么多你认识的人。"他说，
"就像一场漫谈会，这使得沿主街步行变得乐趣无穷，让你感觉，你正
走在'属于我的镇上'。"

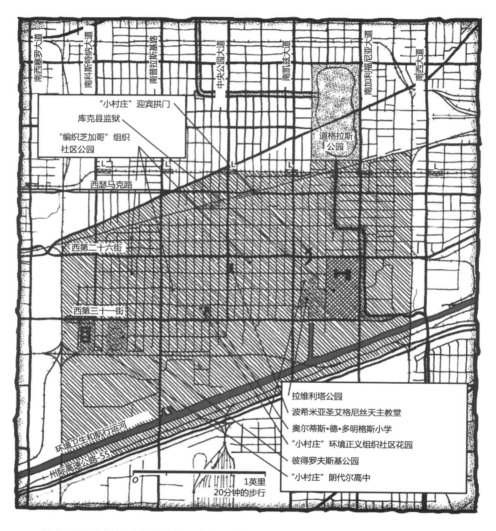

图中阴影部分是"小村庄",芝加哥的西南边部分。该社区布局在一个由东西向和南北向街道构成的网格中。"小村庄"周边是大片土地,过去曾经是各类工业用地。(本·诺思拉普绘制)

第4章
适宜步行的移民邻里：芝加哥的"小村庄"

随着一支人口迁出而另一支迁入，城市邻里会随之呈现新的特征。"小村庄"（Little Village），位于芝加哥的西南边，就不止一次地经历了名称和人口的改变。

1880 年左右，如果你在市中心登上一列火车，乘车向西南方向行驶 5 英里，你到达的不是一个被称作"小村庄"的地方，而是一个叫"朗代尔"的地方。朗代尔的创始人，房地产开发商奥尔登·C. 米勒德和埃德温·J. 戴克，将城市郊区的农田变成住房、商店、教堂和聚会场所。这一切就发生在 1871 年芝加哥大火前不久。[1] 他们的预期是，朗代尔会成为秩序井然的新社区，距离市中心仅仅 20 分钟车程，将会吸引商人、专业人士和其他中产阶级。

事实上，富裕的家庭，其中包括肉类包装商 E.G. 奥维斯，确实来这里建起了一些富丽堂皇的房屋，其中一些还是建筑师设计的。然而，到了 19 世纪 90 年代，制造业和其他工业也蜂拥而至西南边，随之带来了数以万计的蓝领工人，其中许多是移民。盎格鲁－撒克逊的上层中产阶级离开，转向少数族裔比较少的牧场。

朗代尔和附近另一个被称为克劳福德的地区，成为数千名波希米亚人、移民或移民子女的家园，他们均来自现在的捷克共和国。这些人发现朗代尔各个方面都很宜人，比起东部紧靠着的邻里比尔森，这里更加整洁，不那么拥挤。许多捷克人在比尔森那里，早已受够了公寓大楼生活的艰难。在朗代尔，他们建立了许多专为捷克人开设的机构，包括1904 年的圣艾格尼丝波希米亚罗马天主教堂（现为波希米亚圣艾格尼丝）。这里是周边最大的天主教教区。到第一次世界大战时，在朗代尔定居的波希米亚人如此之多，以至于人们开始称其为"捷克人的加利福尼亚"。

随着时间的推移，朗代尔的南面部分逐渐被称为南朗代尔，将其区别于毗邻的"双胞胎"，即北朗代尔。北朗代尔于 20 世纪 20 年代左右，由捷克人聚居点，转变为当时芝加哥人数最多的犹太人定居点。南朗代尔直到 20 世纪 50 年代仍然是一个稳定的工人阶级和中产阶级社区。在那里，捷克人拥有当地的大部分商店，少量波兰人、德国人、匈牙利人和其他欧洲人，与捷克人混居在一起。

然后是一个快速的种族变化期，20 世纪 40 年代、50 年代、60 年代，数十万南方黑人向芝加哥迁徙。非洲裔美国人曾经长期被限制在这座城市的南边，一个被称为黑人聚居地带的地区，他们大量涌入那些以前曾使用契约限制和其他手段来驱逐他们的邻里。北朗代尔经历了整座城市中最急剧的种族更替。20 世纪 50 年代伊始，白种人占地区人口总数的 87%，而在那个十年结束时，黑人占人口总数的 91%。许多非洲裔美国人无法正常购买房屋，要买的话，他们只能通过剥削性的合约而非标准的按揭贷款，购买价格非常高。北朗代尔开始分崩离析。1964 年，南朗代尔的商界领袖将南朗代尔命名为"小村庄"，意在将白人种族社区和那个正在崩溃的黑人邻里区别开来。

正如捷克裔美国人、房地产推销员理查德·多勒杰斯所想的那样，"小村庄"的名字应该使人联想到一个风景如画的欧洲村庄——这个意象的实现有一些计划，比如以一种古雅的中欧风格来装饰店面，并没有广泛实施——但 20 世纪 60 年代发生的变化，让人更加吃惊。一股巨大的移民浪潮正酝酿着从比尔森向西涌动，这一拨移民群体祖籍是墨西哥人，而非欧洲人。到 1980 年时，绝大多数"小村庄"村民都是墨西哥人或墨西哥人的后裔，有些人持有美国公民身份，更多的则没有。

在那个时点上，考虑到已经搬到那里的墨西哥人普遍收入较低，在校受教育不多，许多人英语不流利，这个地区很可能已经陷入凋敝。雪上加霜的是，20 世纪 60 年代中期，拉丁裔黑社会团伙开始在"小村庄"中活动，他们至今仍保持活跃。尽管如此，这个邻里仍然坚持了下来。墨西哥移民勤勤恳恳地做着他们能够找到的不论什么档次的工作，将他们的家人塞进狭小的公寓，甚至刚开始时常常就是合住在亲戚家里。墨西哥移民人口数量显著增长，1960 年到 2000 年，"小村庄"的人口增长了 50%，从不到 61 000 人增加到 91 000 多人。对邻里地区的商店来说，这里有着比以往任何时候都多的顾客，更多人会在人行道上漫步，如果是为了改善这个邻里地区的品质，提升居民生活的前景，那么社区建设也有了更多参与者，至少理论上是这样。如果说，南朗代尔从 20 世纪 20 年代到 50 年代一直是"捷克人的加利福尼亚"，那么从 20 世纪 70 年代以来，"小村庄"就该自豪地以"中西部墨西哥人的首都"自居。

这里成为人们从格兰德河（the Rio Grande）[①]南面迁移到美国中北部的主要入境口岸。

　　一间车库上的壁画。"小村庄"中的许多公共绘画都表现了墨西哥主题。（菲利普·兰登 摄）

应对灾害

　　我从埃里克·克里南伯格（Eric Klinenberg）的《热浪》一书中第一次了解到"小村庄"。克里南伯格，社会学家，调查研究了 1995 年

[①]　美国西南部和墨西哥北部的主要河流之一，构成美国得克萨斯州和墨西哥的边界。——译者

7月袭击芝加哥的一场灾难性热浪的影响结果。热指数，指的是温度和湿度相结合的测度，飙升至超过100华氏度，并持续整整一周。连续两天，气温超过115华氏度。[2]极端气温导致整座城市中的739人死亡，大多数受害者是老年人，并且独自生活，他们在闷热的公寓里孤零零地离世。在美国所经历的任何一场热浪中，从未有过如此巨大的死亡人数。

　　调查这场灾难的过程中，克里南伯格注意到一种引起他极大兴趣的模式。他注意到，死亡率在不同的邻里之间，差异很大。最鲜明的对比之一就是北朗代尔和"小村庄"。北朗代尔的死亡率令人震惊——每10万居民中有40起死亡——然而"小村庄"每10万人中，4起死亡。北朗代尔和"小村庄"有着相似的微气候，并且有着"几乎相同数量和比例的独居老人及贫困老人"。根据克里南伯格的记述，从公共卫生的角度来看，"小村庄"完全是一个不同的世界，比它的邻居安全十倍。[3]

　　为什么会有这么悬殊的差异？有些人认为，"小村庄"之所以比北朗代尔更好地抗住了这场热浪，是因为拉丁美洲人在代际之间保持着牢固的家庭纽带——一种危机来临时具有至关重要性的纽带——因而拉丁美洲人后裔的家庭纽带挽救了这个邻里的老人们。克里南伯格对这个解释有疑虑。当时"小村庄"中将近一半的老年人不是拉丁美洲人后裔，他们是不说西班牙语的白人，很可能是捷克裔美国人或波兰裔美国人，当他们的同胞搬到像西塞罗和伯温这样的郊区时，他们留了下来。

　　克里南伯格假设，一定是"小村庄"社会环境中的某些东西使得弱势人群能够在一段强烈的物理应激时期内存活下来。他推断，关键的因素是邻里"繁忙的街道、大量的商业活动、居住的集中，以及相对较低的犯罪率"。⁴他观察到，这些因素"促进一般而言的社会接触、集体生活和公众参与，并为老年人提供特别的好处，当他们被附近的便利设施吸引时，他们更有可能离开家，走到外面来"。按照克里南伯格的观点，至关重要的是，弱势人群，例如那些独居的老年人，可以进入"舒适、安全的街道和人行道"，进入某个"吸引人走出家门从而进入公共领域"的地方。当上述要素都具备时，人与人之间就建立起了关系，当人遇到紧急情况时，他们知道去哪里求助。

北朗代尔是一个以非洲裔美国人为主的邻里，从住家出发，步行范围内少有商店和聚会场所，并且犯罪阴影始终笼罩着街道。在"小村庄"，情况恰恰相反。在阐释简·雅各布斯①的思想时，克里南伯格断言，"大量商店和其他公共场所沿着一个地区的人行道零星分布，这是通过非正式社会控制从而建立公共安全必不可少的。商业机构将居民和路人拽出家门，到人行道和街道上，以步行交通吸引人们，并促进消费者、商家和那些仅仅是喜欢参与或观察公共生活的人群之间的社交互动。"⁵

第二十六街

"欢迎来到小村庄"，在靠近奥尔巴尼大道的拐角处，伸展着横跨

---

① 简·雅各布斯（Jane Jacobs，1916—2006），美国记者、作家和活动家，后入加拿大籍，著有《美国大城市的死与生》一书，对城市研究产生影响。——译者

过第二十六街的一座装饰拱门上写着这样的问候语。这个具有仪式感的地点，就在厚实坚固、阴森沉重的库克县监狱的西面不远处。每年9月中旬，这里就成了中西部最大的拉丁美洲人后裔游行和集会的地方，盛装的舞者、马背上的骑手、戴着特大号墨西哥男式宽边帽的摩托车手，还有那些紧握红白绿各色旗帜的年轻女孩们。20万人——其中一些是"小村庄"的居民，其他人来自各地，最远的有艾奥瓦州和密歇根州的——沿街排出25个街区那么长，一起庆祝墨西哥的独立日。

第二十六街，成为"小村庄"的主要商业走廊已超过一个世纪了，这是很适合这个游行的一条路径。分布在这条走廊上的，是非常墨西哥化的产品、商店，甚至连人们的劲头都带着墨西哥的风格。游行队列长

望向第二十六街西面拱门的场景。这幅素描中的男性之一，在地图上指出"小村庄"在芝加哥所在的位置。（迪鲁·A.沙达尼绘制）

达两英里，一路嘈杂热闹，游行者经过街头摊贩，摊贩叫卖着"鲜水仙水"，这是一种由水果、谷物、鲜花或者种子、糖、水混合而成的甜饮料。人们经过面包店，面包店正在出售甜面包、变种的法国长棍面包、角状糕点以及其他墨西哥口味的好吃东西。在"小村庄"4.4平方英里的范围内，一共有八家这样香气四溢的面包店在经营生意。

　　一个摊主在"小村庄"西二十六街的一辆食品大车上贩售零食。从大车顶棚悬挂下来的袋子里，装着仿"西卡容斯"（chicharrones）。这是一种拉丁美洲的美食，真正的"西卡容斯"是油炸猪肉猪皮，而仿制品则是由面粉和水制成的。（菲利普·兰登 摄）

　　游行的人群陆续经过80家餐馆，包括"新莱昂"（Nuevo Leon）[①]这样的墨西哥餐馆。在那里，顾客可以点墨西哥北部的菜肴，例如"麦

―――――――――

① 墨西哥东北部的边境州，北邻美国。——译者

茶呷"，干肉加水捣碎，再配上大大的玉米粉薄烙饼。他们还经过了出售新娘礼服和女孩"成人礼服"的商店，镶褶边的曳地裙装，墨西哥裔美国女孩穿到她们15岁生日派对上去的那种裙子。在第二十六街上，一共有38家"成人礼服"服装店。

　　这条2英里长的商业走廊上，总共排布着一千多家商店。"捷克人的加利福尼亚"这一段时期的尾声时，"小村庄"的空置商店有所增加。第二十六街社区委员会和第二十六街商会（即现在的"小村庄"商会）开始招募企业来填补空缺，督促那些废弃建筑物的业主们尽快修整。几年之内，空荡荡的店面再度盘活。今天，这里除了具有墨西哥风味的商店外，还有数百家主流企业：银行，折扣店，干洗店，保险代理商店，杂货店，诊所，美容院，支票兑现和汇款网点，鞋店，以及外汇商店。听当地人聊天，你会反复听到，"小村庄"的第二十六街有着比芝加哥其他商业区都要大的销售量，华丽的北密歇根大道除外。这条商业走廊的强劲实力实在值得自豪。

步行范围内的商店

　　标准的芝加哥街巷网格是一个有助于邻里商业可达性的结构。从"小村庄"任何一边的街上，居民都可以直接步行到第二十六街，没有死路或死巷干扰进出。第二十六街，从一侧路缘石到另一侧路缘石的宽度是48英尺，中心两车道，每天在其上行驶的车辆达到14 000辆，外加提供路边停车的两条车道。街道和店面之间有10英尺宽的人行道，不算很宽裕，但足够使用。人行道有大量的行人使用，周末更甚。

拉斯·伊莎贝尔斯，一家位于南中央公园大道和西二十七街街角的杂货店，一个摊贩陈列出要卖的水果和蔬菜。墙上的壁画提供了一条宗教主题的训示：我怎样爱你们，你们也要怎样相爱。（菲利普·兰登 摄）

　　除了第二十六街，商业还沿着其他几条街道集中，零星分布在整个邻里的，则是街角商店。捷克裔业主搬出去时，他们经营过的街角商店，大多被墨西哥裔居民购买或租用。现在，这些墨西哥裔居民运营这些商店也已经有两三代人了。附近的居民，尤其是应急过来买东西的顾客，在店里停留，经常选购的是牛奶、果汁和大众化的墨西哥食物，例如牛肚汤和油炸猪肉。"几乎每个街区都有一个转角商店，"西蒙娜·亚历山大说，她是"聚力芝加哥"的一位社区组织者，这是一个服务"小村庄"的充满活力的社区发展组织，"人们走到银行，走到杂货店，很多妇女会带着孩子走路去看医生。"

瓜达卢佩圣母壁画位于南普拉斯基路上的奇基塔超市右边。这幅壁画色彩鲜艳的中心部分是"小村庄"中较老的壁画之一，以墨西哥城瓜达卢佩圣母大教堂中的一幅画为基础绘制而成。（菲利普·兰登 摄）

2000 年以来，"小村庄"的人口下滑至 79 000 人，主要是因为 2008 年世界经济危机以来，墨西哥和美国之间的移民进入了逆转状态。芝加哥地区仍然是全美第二大的墨西哥裔移民聚居地，但是近年来，伊利诺伊州已失去了数十万计的建筑业、制造业和其他产业的工作岗位，而正是这些工作，曾经吸引墨西哥人北上。[6]

尽管如此，"小村庄"仍然人口密集，每平方英里将近 18 000 人，某些地区集聚程度更高。虽然"小村庄"的家庭收入中位数为一年 34 000 美元——远低于全国 52 000 美元的平均水平，也低于芝加哥大都市地区 71 000 美元的平均数值——但是每平方英里上的家庭数量产生了足够多的开支，使得大量企业的经营得以维持。

距离一座街角商店 1 到 4 分钟的步行距离之内，到底可能有多少家庭呢？"小村庄"中的标准房屋地块为 25 英尺乘以 125 英尺，通常一个街区大约有 50 个这样的地块。因此，单个街区可以容纳 50 座平房（bungalows），如果开发成两户家庭单元的话，就是 100 套公寓，如果是三户家庭单元，则是 150 套公寓。一个地区若统一开发成三户家庭单元——这在"小村庄"的东面部分是司空见惯的——距离商店 4 分钟步行范围内，家庭数目可能超过 900 户。"小村庄"里的许多建筑物已重新配置，增加的公寓数比区划许可的数量更大，因此某些街角商店的顾客基数可能比上述计算得出的数字更大。（"小村庄"家庭的户均人口中位数是 3.8，几乎是芝加哥整体平均数的三倍。）

转角商店只是一个开始，还有其他各种各样的小型业务，在居民的房屋、车库和后院内运营着。许多由墨西哥人填补的工作岗位，收入并不好，所以一个有机械技能的男性，可以在他车库里设立一家汽车维修店，兼职带来额外收入。"我们这里有一大堆小巷技工，"安德里娅·奥马利·穆尼奥斯说，自 20 世纪 70 年代以来，他就是"小村庄"的居民。机修工就住在顾客附近，价格合理，并且说西班牙语，所有这些因素，都有利于形成一批回头客。"他们中有些人干得很好。"穆尼奥斯特别指出。那些靠这个发迹的人，可能最终会将他们的营生转移到一座更大的车库，甚至某条街道上，从而获得更多关注。

整个邻里中零星分布着金属围栏的加工制作者，这些围栏将"小村庄"里大部分的前院围了起来。分散各处的，还有轮胎店。"开车穿过，修好轮胎，然后从后面出来，回到某条主街上，"穆尼奥斯说，"这些轮胎店的修理速度比 AAA 汽车俱乐部快得多。"

住在"小村庄"的人，往往也会在"小村庄"消费。虽然有汽车的居民有时候会到附近西塞罗的"大盒子"商店购物，但人们对社区商业的忠诚度是显而易见的。"'小村庄'得以运转正常，是因为人们待守在这里，"芝加哥邻里住房服务中心的马特·科尔观察到，"居民们说，'这是我的社区，这就是我买东西的地方。'"对于需要各种产品和服务的居民们来说，"没有太多的理由离开，"社区组织者亚历山大说，"你可以在'小村庄'得到你想要的东西——除非你正值二十几岁、三十多岁，并且正在寻找精酿啤酒。"

沿街叫卖为生

在"小村庄"这样一个密集的街巷网格纵横交错的邻里中，新来居民有很多种方法可以谋得生计，可能不是一种宽裕的生活，但是足以度日。最明显的例子是街头贩卖。只需支付少到不能再少的费用，某个刚搬进来的墨西哥人，就可以租用或买下一辆手推车，放些简单的食物，然后开始沿街叫卖。小贩们在主要街道上、街道拐角处，甚至横街小巷上都能找到好位置，他们的存在使得街道更安全，也更有社会交际性。"他们增添了街道的活力，"里卡多·穆尼奥斯说，他自 1993 年以来一直在市政委员会担任"小村庄"代表，"这是街道防卫的另一系列的眼睛和耳朵。"

安德里娅·穆尼奥斯（与上述市政委员会委员的穆尼奥斯毫无关系）描述了小贩们的日常："早上会有三到四个不同的摊贩群体出来。最早的是那些卖墨西哥塔玛利粽和热饮的，他们从早上6点待到10点，给赶路去上班的人们提供一份流动的早餐。"在寒冷的天气里，墨西哥塔玛利粽由玉米粥就着，玉米粥是一种别具风味的、以玉米为底料做成的饮料，类似于热巧克力。

其他小贩陆陆续续也来了，兜售炸油条，一种松脆的油炸面团糕点，有时候撒上糖，可以当作一份速食早餐或是小吃，适合泡在以巧克力为基调的玉米粥里或由煮沸的牛奶混兑的浓咖啡中。

大约10点钟，贩卖墨西哥塔玛利粽的小贩们离开了，而另一组小贩——"烤玉米棒子"出现了。这个团体出售水果（包括西瓜、美国甜瓜、蜜瓜），玉米，嫩黄瓜，成袋装的人工炸猪皮和刨冰（调味冰沙）。水果切块或剁碎，然后撒上酸橙汁，常常还会加少许红辣椒助兴。玉米是最畅销的商品，这一组小贩被统称为"烤玉米棒子"，原因就在此。玉米插在一根细棍子上，也可以是玉米粒装在一个杯子里。来自一个"烤玉米棒子"小贩的一顿健康的午餐或小吃，花费顾客一到两美元。水果和蔬菜商贩会一直留在街上，直到下午4点或5点。

暖和天气的苗头刚一出现，可能是4月，冰激凌手推车小贩出现了。中午上街，出售水果冰棒，一款包含各种风味的出色美味。冰激凌手推车小贩大约午餐时分在学校附近露面，学校放学时，又去一次，正赶上学生们也就是顾客们冲出校门。夏季，冰激凌手推车小贩行走小街小巷，前往各座公园。通常，在同一座公园附近抢生意的小贩，多达七八人。

多年来，在公共道路上贩卖食品，是被城市条例禁止的，因此官员们，包括市政委员会委员穆尼奥斯在内，达成了一项非正式协定：只要

　　一个家长在约瑟法·奥尔蒂斯·德·多明格斯小学接孩子，旁边有一个小贩，放学时来兜售棉花糖。"小村庄"里的学生，很多都是与他们的父母或其他监护人走回家的。（菲利普·兰登 摄）

车子干净而且商贩们没有阻塞公共道路，分派到"小村庄"的警察们就可以对他们睁一只眼闭一只眼。到了 2015 年，芝加哥市颁布了一项法令，将食品小贩合法化，但是要求他们购买许可证，推车定期接受检查，并且遵守一系列食品准备程序。这样一来，小贩们得为此付出一笔不小的费用。

"这种做法，是将一个更加具有威权的市议员让小贩们关门了事的能力形诸法律条文。"对上述做法持怀疑态度的市政委员会委员穆尼奥斯这么认为。他说，想要许可证的小贩拿到了执照，但还有人根本负担不起执照费用，这些人请求宽大处理，他也同意了。这样一来，原先的"小村庄"法则——警察默许小贩们经营，除非他们造成了麻烦——在这里仍然奏效。

一个小贩能获得多少经济回报？"我想，当小贩是最后一个选择了，人们是被迫推着一辆手推车干这份差事的。""小村庄"商会的执行主任杰米·迪保罗说："对于绝大多数人来说，这基本上是他们追求美国梦的最后希望。"将近 1/3 的"小村庄"居民是贫穷的，四处兜售是他们的一种应对方式，这让他们仍然可以赚一些钱，而不用管他们所受的正规教育是如何缺乏，或者英语的理解水平如何低下。有些人年复一年地在街上兜售，直至老迈。

玛丽亚·加西亚于 20 世纪 90 年代后期，从墨西哥城以南的库埃纳瓦卡到达芝加哥。她的经历说明了一个意志坚定的人，如何利用摊贩生意奠定了生活的踏脚石。七年来，她在家里制作墨西哥样式的冰激凌，然后和她的儿子安吉尔和维克多一起，推着一辆冰激凌大车穿过"小村庄"，"我们会走遍整个邻里，沿街叫卖。"维克多·加西亚告诉一位采访者。[7]

　　玛丽亚·加西亚最喜欢的一个地点是波希米亚圣艾格尼丝教堂外的人行道。历史悠久的捷克教区于 20 世纪 70 年代转变为墨西哥裔美国人占主导地位的教区，如今这座教堂每个星期天举行九场弥撒——两场用英语，其他七场用西班牙语。一个平常的星期天，大约有四千人循环进出圣艾格尼丝教堂，教堂没有停车场，许多教区居民走路去祈祷，祈祷完再走路返回。许多人会在玛丽亚的大车前停下脚步。

　　"玛丽亚真的很受欢迎，她那里有你在商店里找不到的各种口味——芒果带辣椒，冰镇果汁朗姆酒，嫩玉米。"安德里亚·穆尼奥斯说。嫩玉米风味的冰激凌成了一款畅销品。加西亚一家以使用高品质的

　　玛丽亚·加西亚和儿子维克多正在 Azucar 为顾客提供服务，他们的墨西哥冰激凌店位于"小村庄"西二十七街上。在街头兜售冰激凌数年后，加西亚太太开了这家商店，她家的冰激凌有一大批追随者。（菲利普·兰登　摄）

天然配料，使用红糖而不是白糖，引以为傲。人们喜欢他们的调配品，色泽浅淡、口味清淡、清凉提神，玛丽亚的冰激凌与其说是传统冰激凌，不如说更接近于果汁冰糕。

有人向健康委员会举报玛丽亚·加西亚，她遭受了一场挫折，健康委员会不允许人们在家里制作冰激凌，然后将其卖给公众，玛丽亚的经营被迫停止了。可是，加西亚一家很快重整旗鼓，他们在第二十七街找到了一座小型零售建筑，装修好，将之变成一家名为"Azucar"的咖啡和冰激凌店，Azucar 是西班牙语"糖"的意思。

人们口口相传，去这家店买冰激凌的顾客越来越多。这是一个令人愉悦的小店，加西亚一家在店里配了舒适的座椅，干净、现代的装饰，顾客们在类似 Yelp 这样的网站上发布的好评，进一步推升了顾客流量。最关键的吸引力还是这家店的产品特别，更何况，加西亚一家制定的价格非常合理。2012 年时，加西亚一家——玛丽亚仍然只讲西班牙语，但是她的儿子们已经同时掌握了西班牙语和英语——配发的冰激凌口味超过 30 种。周末，人们排队购买，队伍排到了店门外。

看，这样的励志故事并非不可能，一个人从推手推车开始，最终成为一家实体店的经营者。"人们逐渐变成一个创业者。"商会的迪保罗说，不少街头小贩都想着，叫卖的生意做好了，就可以慢慢扩张，"他们都想开一家店铺。"

上班

20 世纪的大部分时间里，"小村庄"附近总有几家工厂。东南部，有一家巨大的国际收割机厂；西面的西塞罗，矗立着占地 150 英亩的霍桑工厂，为西电制造电话设备。这些大雇主现在都离开了，找工作的人，无奈之下，越来越多地转向公共部门，或者在餐馆、酒店、景观美化以及其他领域的服务业工作，其中许多岗位的报酬远远少于工厂的工作。也有不少居民还是在制造业工作，不过主要是较小的企业，而且这些小企业大多距离"小村庄"颇远。

住在"小村庄"的工人，1/4 通过拼车的方式通勤。这个邻里的拼车率是这座城市最高的。有几家日间劳务机构到"小村庄"来做生意，用中型客车把这里的工人送到郊区的各家小工厂。也有一些工人自己开车，开车的同时不免战战兢兢，他们中有的人是非法移民，没有正式身份证明文件，万一开车有什么问题，被警察拦下来，就露馅了。很多人乘坐公共汽车。"六条公共汽车线路纵横交错于这个地区，三条线路南北走向，三条线路东西走向。"市政委员会委员穆尼奥斯说，"瑟马克路的公共汽车一路开往迈考密克展览中心，"后者是北美最大的会议中心，当地主要的一家雇佣单位，"第二十六街的公共汽车则开往密歇根州和伦道夫，市中心的中心。"

"小村庄"组织者

两个人对"小村庄"的公民文化影响深远，他们是马科斯·穆尼奥斯和他的妻子安德里娅·穆尼奥斯。马科斯出生于墨西哥库瓦拉州的阿库纳城，一个与得克萨斯州德尔里奥市隔着格兰德河相望的边境城镇。1954 年，马科斯 13 岁时离开家乡到达美国，找工作，帮助养家糊口。

安德里娅的叙述更详细："他受雇在得克萨斯州的一家农场工作，饲养动物，跟在它们后面清理，收集鸡蛋，等等。他和动物们

安德里娅·奥马利·穆尼奥斯在她位于"小村庄"的家外面，她和马科斯从前都是为农场工人联盟领导人凯萨·查维斯工作的活动组织者。穆尼奥斯夫妇自 20 世纪 70 年代以来，一直积极参与社区事业。（菲利普·兰登 摄）

一起睡在牲口棚里。工作六个月后，他去讨他的薪水，他想拿着钱回家，希望存够钱买一辆手推车，那样他就能推着手推车卖卖水果，帮助养家。牧场主告诉马科斯，第二天早上就给他钱，而且牧场主的妻子会带他到镇上的公共汽车站，这样他就可以回家了。第二天一早4点30分，他被移民局官员叫醒，他们给他戴上手铐。临走时，他要求敲开牧场主的房间门，拿自己的薪水。没有任何答复。他被驱逐出境，回到墨西哥。"

那笔薪水，马科斯至今没有拿到。马科斯·穆尼奥斯后来以移民工人的身份，再次来到美国西南部。1965年，他遇到了凯萨·查维斯，后者在加利福尼亚的葡萄园里管理工人。1967年，查维斯派马科斯前往波士顿，去策划新英格兰地区的一场全国范围的抵制鲜食葡萄的行动。马科斯在那里邂逅了安德里娅·奥马利。安德里娅是在马萨诸塞州布罗克顿长大的教师，布罗克顿是波士顿南部的一座制鞋出名的城市。安德里娅放弃了她的工作，一起加入抵制活动。两个人后来结了婚，几年后，联合农场工人组织将他们派到了芝加哥。以上就是这两个人于1975年来到"小村庄"生活的来龙去脉。

马科斯在学校的学习，只持续到二年级的第二天，后面就结束了。他在一家制造冲压机的工厂得到了一份工作，安德里娅则成了天主教慈善机构的移民顾问，后来在库克县医院系统升了职，负责豪尔赫·普列托博士的家庭健康中心，还有一些其他职责。

有一天，马科斯失业了，他开始清扫他们家后面的小巷，并设法让邻居们也一起加入。这场清理活动使得穆尼奥斯开始了后来在"小村庄"持续多年的组织工作。他们建立了各种街区俱乐部，大约 45 个。这个邻里中的不少居民是刚搬来这里，还有些甚至是初到美国，新人们越是能相互学习，为了一个共同目标而团结一致，就越是能更好地融入社区。

穆尼奥斯夫妇也逐渐在地方政治中活跃起来，还激发了像杰西·"丘伊"·加西亚这样的人的职业生涯。加西亚于 1986 年成为芝加哥市首位墨西哥裔美国市议员。正是因为加西亚，使得拉姆·伊曼纽尔[①] 参加了 2015 年那一场势均力敌的芝加哥市长选举，并胜出。

谈及查维斯的遗产，马科斯说："他让我们明白社区的重要性。"[a]谈及"小村庄"的居民，马科斯说："他们每一个都是重要的贡献者。"

---

a 贾森·佩斯，"凯萨·查维斯和马科斯·穆尼奥斯的遗产"，"联合美国"（Uniting America）博客，伊利诺伊州移民和难民权益联盟，2013 年 3 月 27 日，http://icirr.org/content/legacy-cesar-chavez-and-marcos-munoz.

每 6 名工人中，就有一个通过公共交通工具去上班，另外 7%，步行去上班，而这个比例，邻里技术中心芝加哥基地的斯科特·伯恩斯坦认为，很可观。如果把那些在家工作的人数叠加到步行上班的人数上，

---

① 拉姆·伊曼纽尔（Rahm Israel Emanuel，1959— ），美国政治家，民主党成员。曾于 2002—2009 年担任芝加哥美国众议院议员，2009—2010 年担任第 23 任白宫办公厅主任，2011—2019 年担任芝加哥第 55 任市长。——译者

合并后的群体数量相当于该邻里就业人口的近10％。"这个数字，"伯恩斯坦说，"不仅反映出沿着主要购物街分布的服务岗位，也反映出比如学校等公共设施中的服务岗位，还有在一个仍然具有活力的制造业部门的服务岗位——这里的这个制造业部门虽然大不如从前，但是和牲畜围场工业区、中心制造区的情形相差也不是那么远。"

"小村庄"里唯一的铁路服务是芝加哥交通管理局沿该邻里北部边缘架设的高架粉红线（Pink Line）。一些人坐这条铁路线前往市中心，然后换乘另一辆火车到芝加哥奥黑尔国际机场，虽然这段路途很长，但奥黑尔国际机场是一个巨大的工作岗位来源。除此之外，骑自行车的人数正在增长，这得益于网格化的街道分布，以及近年来建立的自行车线路与自行车道。

追求社区事业

与之前的捷克人类似，"小村庄"里的墨西哥裔居民建立起了数十个社区组织，有些是固定的，有些则是针对短期目标临时设立的。学校以及学校过度拥挤的问题，在居民的关注列表中，排名很靠前。

"1979年，我八年级毕业，数学课堂是在学校走廊里。"市政委员会委员穆尼奥斯说，"1993年时，学生上课仍然是在走廊里。由此，我把争取更多的学校作为我的使命，这是我在社区中尤为关切的。"成果是，接下来的五年内，当地新开设了四所小学，一所中学。这些学校放在今天看，仍然算是挺好的，部分原因是，这些学校嵌入在一个适合步行的邻里之中，许多父母每天都陪着孩子，步行往返学校。

2005 年，新的"小村庄"朗代尔高中开设，对当地教育又是进一步的推动。

促进邻里进步的一个关键因素是"小村庄"社区发展公司，现在称为"聚力芝加哥"（Enlace Chicago）。1999 年，杰西·"丘伊"·加西亚被聘为第一任执行董事时，它还是一个小型组织，核心任务是发动社区来再开发第二十六街商业区西端的一座废弃工业园。加西亚是芝加哥市第一位墨西哥裔美国市议员，也是伊利诺伊州第一位墨西哥裔美国州参议员，在他的领导下，该组织不论是规模还是活动范围，都大大扩展了。2008 年加西亚卸任时，"聚力芝加哥"已拥有 27 名全职员工，120 名兼职工作人员；它推行一系列经济发展举措，并着手打击帮派暴力，帮助提高学生的成绩和毕业率，倡导建设新的公园和休闲空间。作为"小村庄"最大的社区组织，"聚力芝加哥"领导形成了各种深入的动议，比如这些动议，2005 年促成产生了"小村庄"生活质量规划，2013 年又促成形成了一个后续规划。

花园、公园、空气和交通

"聚力芝加哥""小村庄"环境正义组织和其他团体，已经将废弃地块变成了社区花园。这个花园的基本目的是美化邻里。"这儿曾是一个非常丑陋的地带，"玛丽亚·赫雷拉说，她坐在第二十六街附近的一处花园里，受"聚力芝加哥"支持的四座花园之一。赫雷拉曾在墨西哥做过护士，现在她整个夏天基本上都在这座花园里度过，教人们种植蔬菜，包括原产于墨西哥的植物。"准园丁们"学习土壤和

玛丽亚·赫雷拉，"聚力芝加哥"组织的社区花园的推动者，正站在该组织协建的花园中。玛丽亚在墨西哥做过护士，现在帮助"小村庄"的居民学习营养知识。（菲利普·兰登 摄）

施肥的知识，关于营养和健康的知识也得以丰富，比如如何避免变成糖尿病患者。这一点，对于在美国的拉丁美洲裔人口来说很重要，他们患糖尿病的概率是不说西班牙语的白人的近两倍。孩子们可以到这座花园的小水池里嬉戏。

"它是食物的供应渠道，是家庭收入的来源，它正在从头开始复兴厨房烹饪。"社区组织者亚历山大谈到这些花园对该邻里的各种价值时，这样说道。在一个肥胖导致糖尿病频繁发生的社区中，人们可以步行到达这些花园，从而鼓励了体力活动。妇女们遇到家庭矛盾、心理问题的时候，就到花园里来坐坐，一边还用钩针做些编织活，这是一种基本且无花费的排遣方式。"这里的居民很忌讳去看心理医生，所以我们试图通过非正式的社交聚会空间来回应心理健康上的需求。"亚历山大解释，"围绕心理健康类的需求，很容易被人说三道四，但是，一个人去一座花园，"就不会被贴上诸如"心理医生病人"的标签。

经济恶化时，"从人们的预算中首先去掉的东西，就是水果和各种蔬菜。""小村庄"环境正义组织的金姆·沃瑟曼一边说，一边展示她的团队在靠近一片工业地块旁创建的花园。只要支付一笔年费，人们就可以在这里有一小块地，人们可以来这里松松土、施施肥，种上自己喜欢的食物，还可以在户外野餐。"在我家，每个星期三，"沃瑟曼说，"我们就吃自己种的东西。"

　　22英亩的拉维利塔公园，建在以前曾遭受污染的工业用地上，这对"小村庄"环境正义组织（LVEJO）和非常缺乏公共绿地的社区来说，是一场胜利。拉维利塔公园位于"小村庄"东南部，南萨克拉门托大道上，2014年12月开放。（莱斯利·施瓦茨摄）

"一个健康的社区看上去是什么样的？"沃瑟曼自问自答，"它是绿色空间、产业和住宅的混合——而不是只有其中一样。"

"小村庄"环境正义组织和其他团体多年来一直为关闭菲斯克和克劳福德两座老式燃煤发电厂而努力。这两座发电厂加剧了当地的健康问题，比如折磨着不少"小村庄"和比尔森居民的哮喘病。"死亡之日"游行时，抗议者们戴着防毒面具。芝加哥申办奥运会期间，一种叫作"煤系化合物"的东西得到了关注。[8] 最终，2012年，两家工厂都关闭了，终结了芝加哥的一项不光彩名头，即全美唯一在其范围内有两座燃煤电厂运营的城市。[9]

"小村庄"是全芝加哥市平均每位居民所拥有开放空间容量最少的社区，最低值时，这一数字是0.32英亩，现今则是0.59英亩。这个数字还是很低，但是它代表着进步——并且这个社区正在继续为其增长而努力。一项引人瞩目的成就是2014年开放的一座新公园。新公园名为拉维利塔，22英亩，位于被一家沥青油毡屋顶工厂污染了数十年的土地上。市长拉姆·伊曼纽尔将这项联邦超级基金计划内的清理工程描述为"全美最大的污染地块的翻转"[10]。这个公园现在以拥有多个运动场地、社区花园、篮球场、一座滑冰公园、一块儿童游乐场、一处野餐亭和一条带有数个健身站的多用途路径等特点而自豪。[11]

沃瑟曼说，"小村庄"朗代尔高中在第三十一街上落成之后，该社区又重新启动了一项动议，让芝加哥交通管理局在那条路上建立一条公共汽车线路。[12] 朗代尔高中附近两个街区范围内一条公交线路也没有，这在芝加哥全市是绝无仅有的。起初，针对第三十一街通行公共汽车这一问题，社区多次要求，都杳无音信。因此，当地年轻人联合当地大学生以及"小村庄"环境正义组织的实习生们，制定了一份公共汽车提案。这份提案从规划的角度清晰表达了这一需求——包括基础设施、可步行性、乘客人数，以及收益。他们研究了芝加哥交通管理局董事会成员的商业背景，并学会使用他们的话语方式来表达。

"小村庄"环境正义组织指出，开辟一条公共汽车线路，将减少二氧化碳排放，也有助于解决种族问题。发生过这样一件事，非洲裔美国学生从高中步行到一个偏远的地点时，遭到了袭击，之所以去那个偏远的地点，则是要去坐一辆从朗代尔经过他们家的公共汽车。基于这一份报告，芝加哥交通管理局同意对报告所提议线路的一半，进行为期180天的试行。"试行很成功，2012年芝加哥交通管理局将这半条线路批准为固定线路。"沃瑟曼说，"2016年，另外半条线路也获得批准。"

这条线路吸引了大量乘客。"夏天，这条线路上的公共汽车一直开往湖滨，"沃瑟曼说，"你可以在30分钟内，而不是两个小时，就可以到达密歇根湖。"沃瑟曼从墨西哥的社会抗议运动中汲取灵感，谈及她所在的组织，"我们看到了一个长期的责任，要为正确的事情而奋斗。我们来自这样一个国家，组织化是我们生活的一部分。"

帮派暴力

在《伟大的美国城市：芝加哥及其持久不衰的邻里效应》（*Great American City: Chicago and the Enduring Neighborhood Effect*）一书中，哈佛大学教授罗伯特·J.桑普森（Robert J. Sampson）带领读者，对芝加哥邻里进行了前所未有的细致的社会学考察。桑普森及其同事从研究中得出结论，这座城市的拉丁美洲裔邻里和移民邻里普遍运行良好。拉丁美洲裔人群很幸运，因为有大量的组织，可以帮助他们应对城市生活的挑战。拉丁美洲裔人群和其他移民人群作为一个整体，相较于全体芝加哥人，参与暴力行为的比例更少，正如桑普森所写，"那些有着集中移民群体的城市是周边城市中最安全的。"[13]

这条概括，被近年来频频扰乱芝加哥的一连串团伙枪击和杀戮削弱了，因为其中一些罪行是年轻的拉丁美洲裔人犯下的。"小村庄"最大的威胁来自"拉丁国王"，他们声称该邻里的东边是他们的地盘，另一个叫"二六部落"（以第二十六街命名）的组织则声称西边是他们的地盘。[14] 这两个帮派相互殴斗的时候，有些看热闹的人竟被疏忽杀死。

芝加哥的街头帮派可以追溯到远至美国内战①之前的暴力的白人移民群体。[15] 有人说，正是不说西班牙语的白人对拉丁美洲裔人的袭扰，导致了拉丁美洲裔人形成他们自己的帮派，[16] 一旦拉丁美洲裔人的组织开始内斗时，暴力和报复的循环就被启动了。

对帮派生活来说，领土是核心。南里奇韦大道，一条主要是居住性质的街道，南北走向，穿过"小村庄"的中心，有时起着"拉丁国王"和"二六部落"的分界线的作用。如果发生大的内斗，这条边界线可能会移动。根据芝加哥警方的说法，2013 年，两个帮派之间的边界是南汉姆林大道，里奇韦大道以西一个街区。[17] 帮派成员们反复给边界上的建筑物打上标记，比如帮派首字母和徽章，还有对另一个帮派的侮辱言辞。一顶三尖

---

① 即 1861—1865 年美国南北战争。——译者

或五尖的王冠标志宣告，该地区是由"拉丁国王"占据的，而一对弯曲耳朵的兔子标志则断言，这是"二六部落"的领地。

帮派可在各种各样的环境中滋生活动，从郊区的尽端路，到公共住房的塔楼，应有尽有。芝加哥的帮派中有地域和等级的结构，帮派组织向下渗透至街道和街区的层面。帮派成员标记一个地点时，可能会用他们小集团巢窠所在街道的名称。为了控制一片领土，帮派成员会奉命定期巡行，比方说，从夜里9点直到凌晨1点。波希米亚圣艾格尼丝教堂的年轻教士汤姆·博哈里克说，如何给帮派中的男孩们提供一种现有生活的替代品，他对此心怀使命。如果一个帮派中的成员有意或无意中穿了对方帮派的某一种标志色，他就会收到来自其他帮派成员的威胁，代表"拉丁国王"的是黑色和金色，"二六部落"的则是黑色和米色。

电子通信在帮派争夺防御地盘方面，引入了一种微妙的变化。关于"小村庄"地盘冲突的话题，一个年轻女子在受访时说："十几年前，帮派斗殴就是站在属于你的街区，高举自己帮派的旗帜。今天，对抗可以通过更多技术的渠道和其他的途径来发泄，地盘边界处的物理意义上的对抗反而不那么频繁了，大部分的边界心态都被带到了互联网上。"然而，互联网对抗最终也会导向线下场所中的真实殴斗。这个女子说，"帮派双方碰面时，冲突随即爆发，而且真枪实弹。"[18]

暴力不是随机的，相反，它是定向的，针对特定的个体或团体，特别是敌对团伙的成员。在"小村庄"生活和工作的年岁里，"聚力芝加哥"组织的亚历山大从未受到过攻击。"大多数情况下，"她说，"白人女性的身份给了我一张自由通行证。"最重要的因素是，一个人是否符合一个帮派决意要控制的种族或人种。"我的丈夫是古巴人，他不会以步行方式去任何地方。"亚历山大说，"作为拉丁美洲裔男性就困难得多，某些区域，他是绝对不能去的。"还有，如果一场黑帮战斗在附近爆发，任何人都可能意外死伤，"大家普遍都了解，遇上一颗流弹的可能性。"

　　一个拉丁美洲裔男孩处于五年级或六年级时，这个年纪正是各种帮派想要招募的，于是边界开始制约这些男孩的行动。"小村庄"朗代尔高中的建立，抱有横跨种族界线的目的。学校鼓励黑人和拉丁美洲裔人不再重蹈覆辙，代之以彼此融洽相处。取得了一些进展，但放学后和周末，黑人还是不敢在"小村庄"里四下走动，拉丁美洲裔帮派会让他们觉得不自在。2009年初，有一群黑人青年在一系列暴力事件中受伤。放学后，一群非洲裔美国学生离开校园，到了学校东面，在彼得罗夫斯基公园的北部边缘，一群拉丁美洲裔成年人袭击了他们。有些人受伤很严重，须住院治疗。芝加哥第十警区指挥官罗伯托·扎瓦罗说，这所学校附近的一些人认定，非洲裔美国学生都是帮派成员，也不管真假。如果哪一天有学生在学校展示帮派标志，'我们立马就做好第三十一街会出麻烦的打算'。"扎瓦罗说。[19]

　　为什么"小村庄"里的男孩子会加入帮派？极少是贩毒的原因。关键的一点是，帮派有能力满足一个十几岁男孩对于获得骄傲和免于恐惧的渴望，帮派肯定了他的身份，并为他展示男性气质提供了一个表现机会。男孩子们加入某一个帮派，从而感受到自我价值，觉得自己很重要。"青年人寻找一个能归属的圈子，这就给了帮派可乘之机。"芝加哥历史学家多米尼克·帕西加说，"一个孩子若在学校学习不佳，或很喜欢体育运动，这其中的一些人就会走向街头帮派。"新生活社区教堂的牧师马特·德马泰奥认为，帮派的吸引力与某些人"恰好缺乏选择"有关系。

　　对于那些需要努力平衡两种带有竞争性的文化的人来说，加入某个帮派的压力似乎特别强烈：父母和祖父母的传统墨西哥文化，与年轻一代不得不适应的那种易变的、少人情味的，有时甚至是冷酷无情的美国文化。悲剧的是，帮派给年轻人的是破坏性的教导，鼓励的是本质上怀有敌意和空洞的行为。亚历山大这样描述："暴力与通过炫耀、通过趾高气扬的方式维持领地有关。"

建立秩序

　　如果邻里的网格形态可以为帮派所用，那么这个网格也可以发挥反作用力，即街道、街区和建筑形成的网格，可以帮助居民抵抗帮派的侵入。街道、人行道和小型前院的模式，建筑物立面上开设可眺望公共领域的门窗的模式，这些都有助于人们注意到任何令人不安的情况，并采取行动予以回应。一个地区如果有大量的人靠徒步出行，有街角商店，有很多街头小贩，家庭作坊、小巷技工等小生意零星分布，还有嵌入在邻里各处的各种机构组织，那么这个地区的文明程度就会大大强化。

　　通过街区俱乐部，"小村庄"居民们联合起来，一起承担如何提升地区安全性和吸引力的责任。许多房子的前院都有简洁的球形灯，这是几年前由街区俱乐部安装的，照亮街区，使得街区更安全。一些街区里，居民刷白了树干，这是从墨西哥引入的一种习惯做法，变白的树干反射路灯的光线。刷白树干的好处还不只是让街区变得更亮，安德里娅·穆

　　"小村庄"内满是高大的行道树，其中一些树干被刷成了白色。"小村庄"街区俱乐部的居民采用这种来自墨西哥的习惯做法，部分是用来传达这样的信息，即居民们是有组织的。（菲利普·兰登 摄）

尼奥斯说，还能"向其他人表明，这个街区是有组织的，是团结的"。街道网格若能运用得当，就会传递出一种信息，而这些信息又会造就一个更加安全的居住环境。

　　当一群居民完成某一项街区改良行动之后，比如清理一条小巷，安装照明，涂刷树干，他们都会通过举行一场街区聚会来庆祝。杰西·加西亚出生于墨西哥的杜兰戈州，在芝加哥长大，他说，"墨西哥人有一种社交聚会文化——所有事情都可以让我们举办聚会。有了孩子，总是要有生日会，大声播放的音乐，烹制食物的香味。随时随地地欢庆一场，对我们来说，是习以为常的。"这里的各种俱乐部和邻里安排，也确实会促进人们将这种爱交际的天性引导到社区建设之中。

　　波希米亚圣艾格尼丝天主教堂的牧师汤姆·博哈里克站在一幅壁画前面。这幅壁画是学生们在他的指导下绘制的，位于南阿弗斯大街和西二十七街，距离"拉丁国王"和"二六部落"两个帮派的边界不远。（菲利普·兰登 摄）

　　一对母子从学校步行回家，经过“小村庄”里一幅幅绘制在车库门和其他地方的宗教壁画。这一幅壁画上的文字可翻译成：“起来，我的儿子，平安无事了。”（菲利普·兰登 摄）

　　一些看到帮派成员沿着街区游荡的居民们，收到“要走出去”的鼓励，并以一种友好的方式询问，“你们好吗？”安德里娅·穆尼奥斯说，居民也可以打电话，鼓动更多的居民也出来，目的是开始一场对话。也许，帮派成员就此会移到另一个地点，有时这是能够期望的最理想的状况了，但是总还有机会建立起一种更好的长期关系。

　　邻里的多个组织对那些被帮派涂鸦污染的建筑物采取了反击措施。市政工作人员经常在帮派标识上喷涂棕色油漆来覆盖，这一解决方法虽然好过听任涂鸦不断增加，但也并非理想，谁乐意看到公寓楼的底部6英尺墙面被暗褐色的油漆覆盖呢？波希米亚圣艾格尼丝教堂的牧师汤姆·博哈里克将这座城市的刷漆工作看作是一种“少数民族聚居地冲击波"方法，它只是暂时性地解决了问题。

一些社区团体用图画来取代帮派涂鸦，图画方法比刷漆方法更有一种持久和积极的效果。

汤姆牧师负责一项"上帝形象"的项目，这一项目将五到八年级，有时也有更高年级的男孩子们召集到一起，授权他们在帮派标识上画壁画。男孩们的创作从传统墨西哥风格的壁画转向当代艺术。"我们创作了一幅'团结一致'的壁画，代表着各文化的统一。"汤姆牧师在他教堂附近的街区带我参观男孩们的艺术作品，边走边说。宗教主题的壁画大多保留下来，不作改动。"甚至可以说，这些帮派也是敬虔的。"牧师说，"他们会在任何一座建筑物上涂鸦，但是从来不会在一座教堂上。"汤姆牧师说，社区喜欢他指导年轻人创作的这些壁画，"人们会称赞他们的画好。"

在少数情况下，社区购买因暴力而臭名昭著的地区的地块，并将它们转为邻里资产。南朗代尔大道和西三十一街的一座停车场就是一个例子，那里紧邻奥尔蒂斯·德·多明格斯小学，靠近一处帮派边界。教师们过去常常在那里停放小汽车，现在则是一个足球场，回荡着孩子们玩耍的声音。罗布·卡斯塔涅达与人共同创办了一个叫"超越足球"的青年组织，旨在通过体育运动接触男孩们。他和他的家庭当时面临着巨大风险，但他仍然这样做了。1999—2000 年，帮派成员们有时会带着步枪威胁他，试图使他离开这个邻里。"他们打破我家的窗户，"卡斯塔涅达讲，"在我们的房子上放火。"然而卡斯塔涅达和他的家人留了下来，并且产生了越来越大的影响。"到 2006 年的时候，"他说，"大约有 250 个邻里居民和我们并肩作战，我们看到了正在成型中的文化氛围，让人惊喜。那些曾袭扰我家的家伙进了监狱，而他们的孩子加入了我们的项目。"

"小村庄"面临的一个问题是，许多父母要么工作时间很长，要么做着好几份工作，他们的孩子放学时，他们都不在孩子身边。卡斯塔涅达的计划是，组织游戏活动，来帮助填补这个时间空缺，他发现，"人在玩耍时，对各种痛苦与创伤会更有抵抗力。"

"小村庄"的经验与教训

"小村庄"具备一种从根本上来说适合步行的特征，这种特征，与费城中心城区具有亲密尺度的联排住宅邻里的情况不同，但这里的人们依然可以步行完成很多事情。这个社区的密度，以行人为导向的设置，使居民受益多多，比如减少汽车需求，降低交通费用，使邻里更加自给自足，帮助人们与他们的邻居建立联系，等等。

几乎所有类型的商店和服务，包括健康诊所、专业办公室和"食品银行"，都在步行距离之内。这些专门经营墨西哥产品的商店，从烹饪原料到女孩的成人礼礼服，都已成为区域性的亮点，不仅产生了就业岗位和收入，而且增强了当地的自豪感。

尽管有其优势，但是第二十六街走廊仍然亟须物质性的改善，"小村庄"商会的杰米·迪保罗说，比如过时的、粗糙丑陋的外立面需要升级。视觉吸引力可能不是初来乍到的移民会担心的第一件事，但是从长远来看，一个地方的外观确实很重要。近年来，美国人对建成环境的标准已经大幅提升，人们被吸引到富有活力、具有令人振奋的精神的城市商业区，如果一个地方缺少这种精神，人们就会感到失望。像第二十六街这样的大道，如果能与芝加哥市中心和郊区其他邻里的商业区相媲美，就更好了。"小村庄"的生意人应该从第二十七街玛丽亚·加西亚小小的"糖"冰激凌店的成功之道中吸取经验，在那里，不仅产品吸引人，价格合理，而且氛围也是精巧而诱人。

绝食抗议中诞生的高中

当芝加哥教育官员以财政困难为理由，将原先已经承诺的"小村庄"高中计划搁置下来时，"小村庄"邻里立即采取了惯常的措施，即诉诸集体行动。在社区组织方面接受过培训的街区俱乐部领导人开始了一系列发动，最终形成了一场高效的抗议活动。2001 年 5 月 13 日，母亲节，15 名墨西哥裔美国母亲和祖母，在"小村庄"西南工业边缘的学校现场搭起帐篷，将她们的聚集点命名为"凯萨·查韦斯营"，并开始绝食抗议。

"每天晚上，都有不同的教会轮流带头，组织游行抗议来支持这些母亲。"安德里娅·穆尼奥斯说。抗议者们愤愤不平，因为就在近期，教育委员会在该市较富裕的白人地区开设了两所可选择性入学的高中，却推迟了在"小村庄"建设一所高中的计划。19 天仅食用肉汤、水和佳得乐饮料的绝食抗议后，人们达成了目标，并于 6 月 1 日结束了抗议。市长理查德·M.戴利更换了教育委员会的两位最高领导，并于 6 月 26

日任命阿恩·邓肯 ① 为芝加哥公立学校系统的新任首席执行官。[a]邓肯后来在奥巴马政府任教育部长，他当时给出了重要的财务承诺，并于2005年秋季，在南科斯特纳大道西三十一街的位置上，开设了"小村庄"朗代尔高中。

社会正义高中一条走廊里的壁画。社会正义高中是南科斯特纳大道（"小村庄"朗代尔高中的四所自治学校之一。壁画中的文字意思是："希望就是不管证据如何，只管相信，然后留神观察这个证据的变化。"（菲利普·兰登 摄）

抗议者们"不仅坚持要成为规划过程的一个重要组成部分，而且还要来引导这一过程"。琼妮·弗里德曼在一篇讲述这一抗议活动的文章中这样写道。[b]城市高中往往是庞大、缺乏人情味的机构，但是邓肯"明确表达，孩子们在一所小规模的学校里表现会更好，那里的老师了

---

① 阿恩·邓肯（Arne Duncan，1964—），曾担任芝加哥公立学校系统的主管，后任美国第九任教育部长。——译者

解孩子们"。穆尼奥斯回忆说。因此决定是，新的高中，设计面向大约1 600 名学生，一幢建筑中包含四所小型的自治学院。四个分离的部分通过一个中庭连接。每所学院都有自己的校长和教学人员，但是一些设施，包括图书馆、游泳池、礼堂和健康中心等，是共享的。

新学校的倡议者们得到许可与建筑师合作，确保社区的文化、这一场抗议的记忆都得以反映在建筑物和场地中。公开的专家研讨会议召开了，这也是短期内集中进行的设计环节组成部分，以便了解什么东西对社区来说是重要的。建筑师向居民分发摄像机，要求他们随时随地捕捉那些能定义这个邻里的图像。居民们带着当地壁画、纪念碑和马赛克画的图像回来了，然后建筑师们将这些图像的要素内涵结合到这座大楼的设计当中。

"对这个邻里来说，这所学校是一场具有象征意义的胜利。"穆尼奥斯说。作为对这个胜利的证明，学校的一个学院就叫作社会正义学院，提醒人们时时记得抗议者们的斗争和理想。这座耗资 6 300 万美元的学校综合体，为了让学生群体有所整合，设定了招生边界，其中有大约70％的拉丁美洲裔学生，主要来自"小村庄"，还有大约 30％的非洲裔美国学生，绝大多数来自北朗代尔。

---

a 安娜·比阿特丽斯·乔洛，"'小村庄'得到了它渴望的学校"，芝加哥论坛报，2015 年 2 月 27 日，http://articles.chicagotribune.com/2005-02-27/news /0502270311-1-hunger-strike-chicago-public-schools-chief-arne-duncan.

b 琼妮·弗里德曼，"竞争的空间"，芝加哥地区网站, http://

areachicago.org/contested-space/；首次发表题为"竞争的空间：为"小村庄"朗代尔高中而斗争"，《规划评论》期刊，14 期（2007 年夏季）：143 - 56.

"小村庄"的公共交通很像样，使用也很方便，如果公共汽车运行班次能增加，到达目的地也增加的话，就更有价值了。

这个地方需要更多公园、社区花园和绿地。穆尼奥斯市议员将公园稀缺描述为几十年前遗留下来的一个问题，他说得没错。一个世纪或更

居民们在一个由"小村庄"环境正义组织支持的社区公园内建造堆肥箱。社区公园内种植了食物，不仅提供辅助营养，还将"小村庄"的居民们聚集到一起。（"小村庄"环境正义组织提供图片）

早以前，在南朗代尔开发工业、商业和住房的商人，没有预留足够的土地供大众游憩。如今，社区正在进步——将花园和游戏区插入空置的空间；机会出现时，将已废弃的工业用地转变为公园；为"散步道"做准备，这将是一条4英里长的自行车骑行道与步行道，一旦完工，将在"小村庄"和比尔森之间形成一条令人愉快的越野连接道。[20] 这些类型的项目实施得越多，社区会越健康、越稳定。

活跃强健的组织是"小村庄"的优势之一，它们的工作聚焦于邻里福祉。这些组织及其成员所展现出来的能量，从始至终，让人印象深刻。

帮派暴力可能是"小村庄"最大的、也是唯一的、侵害邻里长期稳定的威胁。从墨西哥到美国的大批量、集中式地移民，看样子会在不久的将来结束，"小村庄"要持续地发展，必须将大部分的现有居民留住，而不是流失到城市郊区或其他地区。要做到这一点，只有减少团伙暴力，否则会很困难。令人欣喜的是，社区组织者们已经意识到了帮派引发的严峻挑战。帮派问题又回归到家庭和学校的问题。如果一些家庭无法帮助他们的男孩子摆脱帮派，学校和外部组织就得更加努力地做工作，帮助男孩们走上一条有前途的路。这里的高中毕业率低得令人担忧，必须想尽一切办法使之大幅提高。

总的来说，看到"小村庄"表现这么出色，令人振奋。"聚力芝加哥"的一位前任领导迈克·罗德里格斯说："对于墨西哥裔美国人来说，这里可以成为你立足的地方。"

"立足"是一种恰如其分的表述，"小村庄"正是一个人们可以好好走路的地方。人们可以步行。芝加哥的这个地区，在其过往的长期历史中，一直是移民和移民子女的一处归属之地，步行的方便，增强了社区的凝聚力，也为居民提供了良好的服务。

　　珍珠区的地图，显示了200英尺 x 200英尺范围内的街区网络，这个街区穿过以前的铁路站场向北延展。NW大道西面的一片13英亩的地块，是一座美国邮政服务中心。那里有望进行商业和居住建筑的再开发，预估会有600套价格适中的公寓。（迪鲁·A.沙达尼绘制）

第5章
顾及步行者的再开发：
俄勒冈州，波特兰，珍珠区

1992 年，《大西洋月刊》把我派到俄勒冈州的波特兰，想要弄清这座城市如何在 20 年不到的时间里，竟然把一个普普通通的市中心变成了全国最具吸引力的市中心。当时，这座城市的人口已经上升到 446 000 人，仍以每十年将近 20% 的速度增长，而波特兰也正在步入成为美国城市规划明星的轨道上。[1]

威拉米特河西岸的一条六车道高速公路已被拆除，取而代之的是 36 英亩的绿地，绿地将这座城市的中心连接到了海滨。位于市中心核心地点的一座停车库已经被夷为平地，让位给先锋法院广场，该广场是一个类似圆形剧场的空间，可以容纳各种各样的户外活动，从节庆活动、音乐表演，到抗议聚会、随便坐坐看看都可以。MAX，大都会轻轨交通系统，其第一条轻轨线已投入使用，可以将数千名郊区居民运送到市中心，不仅仅是周一到周五的工作日，周末也是如此。可以这么说，运维良好的城市中心已经变成了这个区域的起居厅。

起初我的注意力集中在市中心，但是有几个波特兰人把我的目光

1997 年南望珍珠区的景象。当时珍珠区的大部分地区仍然是一个在用的铁路站场。两年后，位于这个场景中间的洛夫乔伊高架桥（Lovejoy Viaduct）被拆除，取而代之的是洛夫乔伊街（Lovejoy Street）。这条街现在是一条东西走向的主干道，横穿珍珠区。（布鲁斯福斯特图片网供图）

引到了它北面的一个地区，伯恩赛德街以北几个街区大小的地方。那里的部分地区在历史上被称为"西北工业三角"（Northwest Industrial Triangle），1986 年被那里的一家画廊老板托马斯·奥古斯丁重新命名为"珍珠区"（Pearl District）。奥古斯丁起这个名字的原因是，他将这个大型旧仓库占主体的地区看作是一个硬壳牡蛎，外表粗糙，里面却藏着珍珠。这些"珍珠"就是艺术家的工作室、阁楼和画廊，它们越来越多地出现在那些坚固的仓库中。艺术家和他们的追随者正在搬往这些仓库，因为租金便宜，而且有一群志趣相投的人，比如陶艺艺术家、画家、雕塑家、平面艺术家、摄影师、布景师等等。[2]

　　"那是一个闲置不用的工业区。"阿尔·索尔海姆是一个热爱"伟大的老建筑物"的投资者，他这样回忆。20 世纪的头 20 年，这里建起了许多两层到八层楼高的仓库，主要由砖和木材建造，用作制造商的仓库。铁路轨道沿着西北第十二、十三和第十五大道行进，火车车厢可以隆隆地直接开上诸如卫生洁具制造商科瑞恩和洗衣机制造商美泰克等公司的装卸码头。

第二次世界大战后的几十年里，制造商们认为多层仓库已经过时，就弃之不用了。搬家公司和仓储公司收购了许多仓库大楼，但是到了 20 世纪 70 年代，即使是搬家公司也几乎用不上这些建筑了。索尔海姆坚信这些建筑会有未来。他的操作手法是，用很少的一笔钱买下一座仓库，然后把它改造成短期租借仓库单元，这不论是在当时还是现在，都是一项有利可图的业务，有的则改成艺术企业的空间。巨大的、开放的楼层被细分，"很少有艺术家需要 10 000 平方英尺那么大的地方，他们需要的是 500 到 1 500 英尺的空间。"索尔海姆说，他将建筑内部予以分隔，安装了最新的消防和生命安全系统，然后引进艺术家和画廊。他从 20 世纪 80 年代中期开始这样操作，租金一直保持在非常低的水平，艺术家们可以在那里一待就是几年。

伯恩赛德街是一条穿越城镇的交通干道，它将珍珠区从市中心分隔开来，在其北边，迈克尔·鲍威尔和他的父亲沃尔特·鲍威尔，把一些便宜的建筑改造成了一家书店。这是 1971 年的事情了，这个书店成了一个小小的开端，之后鲍威尔书城发展成为美国最大的兼营新旧书的书店。到 20 世纪 80 年代的时候，这家书店占据了整整一个街区。

鲍威尔书城西面是一家名为布利茨·魏因哈德的啤酒厂，啤酒厂所在的一大堆建筑建于 1900 年后不久。这个地区还有一些轻工业。东北方向的一大片地区，铺展着一英亩接一英亩的铁路站场，大部分即将倒闭。一切都在动荡之中，但是总体来说，迈克尔·鲍威尔断言，伯恩赛德街以北地区是"一个未被开发的邻里——大部分是仓库、批发商店和汽车修理店"。[3]

今日的珍珠区

20 世纪 70 年代以来，珍珠区已经从一个老旧的仓库区扩展到大约 120 个街区大小，从伯恩赛德街向北一直到河滨，从百老汇向西则一直到 405 号州际公路。在这段时间里，珍珠区已经发展为全美在城市中心区域创建起来的最好的大型步行城市邻里。

几十年前曾赋予这个地区以特色的许多东西现在仍然存在。在开发商的支持下，沿着西北第十三大道的几个街区，一个仓库保护区建立起来了。这些原本用于仓库的建筑物如今已被改造成混合用途，包括阁楼公寓、办公室、商店、餐馆和画廊。一座建于 1908 年的仓库成了国际广告公司"威登＋肯尼迪"的总部。微软、阿迪达斯、基恩鞋业公司、麦考密克＆施米克餐饮连锁企业，以及其他企业都已经在珍珠区开设了办事处。这个地区的大多数建筑，无论新旧，临街层面都用了起来，而且十分吸引过路人的目光。

来自美国各地的人，不惜路途遥远来到鲍威尔书店。书店共有 365 种类别的图书，总计 100 万册，被一层层排放在书架上，书架所在的房间天花板很高，楼板是混凝土铺成的。珍珠区有十多家艺术画廊在运营，这里还是两家艺术教育机构的所在地，太平洋西北艺术学院和波特兰艺术学院。最大的零售业集中在伯恩赛德街及其附近，但是小型商店则分散在整个地区，此外还有三家杂货店，喜互惠、全食市场和世界食品。

20 世纪 90 年代初，珍珠区人口稀少，现在则有 7 000 居民，大多数是中产阶级，其中一些人自其他城市迁移过来，比如理查德·哈恩和维姬·哈恩。他们告诉我，在选择波特兰之前，他们已经考察了波士顿、费城、丹佛和西雅图，选择波特兰是因为它温和的气候、一流的交通、合理的生活成本，以及城市的高品质。

该地区的住房很大一部分是为中低收入居民预留的。收入中等的杰夫·纳尔逊告诉我，癌症耗尽了他的积蓄，他也不得不辞掉工作，还得去找一套政府资助的公寓。"我很幸运。"纳尔逊说他在珍珠区找到了住房。另一个租户，他的精神问题、酒精与毒品上瘾等一系列问题，彻底终结了他的职业生涯，他说："现在我得承担恶果了。"谈到他住的那栋楼以及珍珠区的整体状况，他说："是个好去处。"还有一个房客，斯蒂芬·罗伯茨，60 多岁，曾拥有一家水质检测企业，他说他为珍珠区的"社区感"，以及对那些以正常市场价格支付住房有困难的人的包容性感到高兴，"你所在的邻里之所以安全，是因为隔壁邻居的品行良好，而不是因为他们有钱。"

波特兰公共住房管理机构"住房为先"（Home Forward）的前执行董事史蒂夫·拉德曼表示，得到住房补贴的许多租户都是"服务人员、在餐馆工作的人"以及其他薪酬较低的工作岗位上的人。他解释说："由于大部分受补贴的建筑物很漂亮，并不单调乏味，所以很多游客认为珍珠区比它的实际状况更富有。"大多数人走在街上的时候，"不会意识到这里有穷人。"鲁德曼说。

"我喜爱珍珠区的原因是，它是一个真正的邻里。"芭芭拉·伯曼说，她和丈夫住在伯恩赛德街以北四个街区的一套共管公寓里，"我们到处走动，步行距离范围内，有三家电影院，三座供演出之用的剧院，有比我能列举出来的多得多的餐馆。"珍珠区邻里协会的一位领导人帕特丽夏·加德纳说，她的丈夫以前住在森林公园地区，那是波特兰西北边缘上的一个大地块，半农村的地区，他对珍珠区的感受是既惊讶又高兴。"这里比我原来的住处有更多的社区感，"加德纳说，"邻居相互认识，在外面走路散步的人非常多。"

一项开创性的协议

珍珠区的再开发是当地努力的成果。"我们有一个非常好的规划局，很好的基础设施建设人员，没有腐败。"索尔海姆说，"我们这里有六个真正好的本地开发商，是把办公室安顿在这里的人。"早期的本地开发商中有两位是帕特·普伦德加斯特和约翰·卡罗尔，他们于1990年收购了伯灵顿北方铁路公司持有的40英亩铁路站场。他们成立了一家公司，命名为"霍伊特街置业"，以便在自己的土地上建造房屋，并逐渐将这些房产售出。

1983年，美国建筑师协会（AIA）组建了一支区域性的城市设计援助团队来为该地区出谋划策，这个地区的潜力第一次得到了认真的评估。接下来的几年里，其他组织也参与进来，于是有了广泛的公众讨论。1994年，波特兰市议会采用了《河流地区开发规划》，该规划要求在珍珠区和旧城的唐人街建立一个高密度、混合用途的"邻里社区"，包括在铁路站场用地上新建 2 000 至 3 000 套住宅单元。对于一个原本极少数人习惯高密度的城市来说，这是一份了不起的雄心壮志。

保留仓库，建立公园和休闲地区，是实现这一愿景的两个重要部分。波特兰联合霍伊特街置业公司提出了一份开发协议，概述了开发商将为城市做些什么，以及作为回报，城市将做些什么确保开发成功。有一个想法是，让公共部门铺设一条有轨电车线路，将珍珠区更牢固地连接到这座城市的核心部分。卡罗尔很喜欢这个想法，甚至专门去了欧洲，拜访有轨电车制造商。

后来霍伊特街置业公司的所有权发生了变化，因而城市和开发商的联合协议一直出不来，直到 20 世纪 90 年代中期，霍默·威廉姆斯做了这家公司的领导人，他曾是波特兰西山的开发商。威廉姆斯，一个朴实无华的人，以"最低工资标准的行头打扮"而出名，与连任三届的市长薇拉·卡茨相处融洽。"霍默有全局观。"卡茨曾经说过，"我们的谈话通常都是比较大的议题，比如人口统计、这个城市该如何发展。"[4] 在其他人看来是问题重重的地方，威廉姆斯就能看到潜力。"在一个工程项目里，你首先要弄清楚公共利益是什么。"威廉姆斯说，"如果这一点上你弄不清楚，你是做不下去的。"

威廉姆斯在这家公司待了仅仅几年，但是在那段时间里，霍伊特街置业公司经过两年密集谈判，确定了一系列问题，如在铁路站场上建什么，开发的密度有多大，建筑物有多高，配套什么样的交通改善措施，建多少座公园，多少住房是多数人都能买得起的。1997 年，一项极其详尽的协议达成了。

　　"有一场回归城市的运动。"威廉姆斯分析说，"我们觉得，这场运动在波特兰发生是有可能的，这将是这座城市重塑自我的一个机会。"市政厅想要密度，与此同时，市政厅还希望邻里构成能反映这座城市的经济结构状况。霍伊特街置业公司同意，该公司建造的房屋中，35% 是为中等收入、低收入或极低收入家庭建造，这些家庭的收入水平仅仅是该地区家庭收入中位数的 80%，甚至更低。5

　　S. 布鲁斯·艾伦曾在珍珠区再开发过程中，以这座城市首席谈判代表的身份为波特兰发展委员会工作，他表示，在再开发过程的早期，"大家就有了一个共识，即住房体系应当是混合的，各种收入水平的人都能买得起，这个方向目标来自城市议会。它被接受了，住房倡导者们如愿以偿。"

　　"可负担住房"的开发商埃德·麦克纳马拉说，城市议会实际上是在回应一个极其执着的团体发起的一场运动，即"波特兰组织计划"。这个极其执着的团体是一群从芝加哥索尔·阿林斯基产业地区基金会得到启发而制定策略的市民。该团体得到了教会的支持，重点关注社会公平议题，比如缩小 20 世纪 90 年代中期时开始飙升的当地住房成本与几乎没有上涨的当地工资之间的巨大差距。《天主教哨兵报》（*Catholic Sentinel*）① 说，"波特兰组织计划"努力"对抗这样一种倾向，即将市民仅仅看作是'市场份额'的倾向。"6

　　迪克·哈蒙负责培训"波特兰组织计划"的成员。他说，该团体了解到，波特兰已经授权一个"河流地区"（River District）特别工作组

---

① 美国西海岸最古老的天主教报纸，成立于 1870 年，半月报。——译者

来制订珍珠区和朝东的一个低收入地区的发展蓝图（这两个地区统称为"河流地区"），于是他们研究了这个特别工作组的成员，找出谁在河流地区拥有土地或持有抵押贷款，谁为市议会成员的竞选活动捐献了资金等等。然后，"波特兰组织计划"形成了一份文件，详细说明了这些资金之间的各种利益关联，"波特兰组织计划"团体并没有将这份文件透露给媒体，而是将之作为谈判的工具。"市议会明白，如果我们公开这份文件，就会有大麻烦的。"

"波特兰组织计划"的成员们还与波特兰的商业机构会面，告诉这些企业负责人，这座城市确实存在支付能力的问题。结果是，波特兰拨出 2400 万美元，专项用于经济适用住房建设，其中大部分位于河流区；霍伊特街置业公司也同意，在其土地上开发的住房，35% 是大多数人都能负担得起的；通过一项税收增量融资（TIF）机制，该地区房地产税收 30% 的增量用以支持经济适用住房；1998 年，波特兰还建立了"河流地区"城市更新区，以便引导公共投资进入珍珠区和邻近的旧城 / 唐人街。

根据城市和开发商之间的合约，当城市在某个地方修建公园或设置有轨电车线路时，霍伊特置业公司就必须要在这个特定范围内的公司所有土地上开发一个较高密度的住宅项目。比如第一座公园建成时，开发密度提高到每英亩土地 22 个住房单元。这个条件，对霍伊特置业公司来说，是一笔很大的利润，对城市来说，则不仅是更多的收入，还有一个更加强健的邻里，意味着更多的居民，更多的企业，以及投向街道的更多的目光。然而，1997 年时，珍珠区还算不上一个集中开发的地点，尤其是产权为居住者自有的公寓，而这类公寓恰恰是珍珠区一揽子开发的重要组成部分。"曾经有一段时间，在我们的城市里，这种类型的住房，一点开发都没有。"蒂芙尼·斯韦策回忆。她负责完成了霍伊特置业公司与波特兰市的许多谈判，后来还成为这家公司的主席。

结果是，人们很快就搬进了珍珠区，较大的居住密度"促成了这个邻里的成功"，斯韦策说。霍伊特置业公司最初开发的四座建筑只有四到五层高，最大的许可高度是 75 英尺。随着时间的推移，许可高度上升到 125 英尺，之后更高。2016 年的时候，高度限制已经在珍珠区完全取消。唯一的限制是容积率：每平方英尺土地可开发 9 平方英尺的室内空间。这个容积率最早是从 2∶1 开始的，数年之内，翻到了四倍以上。

串联起来的公园

霍伊特置业公司和波特兰市最终同意，在第十大道和第十一大道之间修建总计大约 5 英亩的三座公园，每座公园都有不同的特色。在景观建筑师彼得·沃克的设计中，三座公园通过一条重蚁木木板铺成的小道串联起来，重蚁木是一种耐久的热带木材。今天，最南端的公园，贾米森广场已经成了一个充满活力的聚集场所。那里，有水流经过一组方形岩石，温暖的夏季白天，孩子们就在浅水池里嬉水。[7]

贾米森广场向北三个街区是泰纳泉水公园，这是一处安静、自然的地方，人们在这里散步、练习瑜伽、野餐，享受宁静的氛围。设计师赫伯特·德莱塞特尔一直致力于完善这座公园的流水发出的声音。再往北两个街区，是占地 3 英亩的菲尔兹公园。这个公园的特征是一块巨大的椭圆形草地，人们在那里打排球、放风筝、掷飞盘，还聚在一起参加像波特兰工艺啤酒节这样的活动。这座公园向人们呈现了威拉米特河上的弗里蒙特大桥这样激动人心的景色，那里还有一个遛狗公园，深受珍珠区养狗人士的欢迎。

　　珍珠区东部边缘，靠近旧城的地方，是北部公园街区，这是一个创建于 19 世纪、大小为五个街区规模的绿色空间。在过去几十年时间里，北部公园街区已经经历了衰退和复兴的几轮循环，最近，公园街区被无家可归的人占用，关于如何管理这些公共区块的话题再度被人关注，引起很大争议。

　　贾米森广场是珍珠区三座公园之一，其喷泉和浅水池极受孩子们的喜爱。(菲利普·兰登摄)

　　贾米森广场不同地方的气氛各有不同，差别很大。这张照片中的场景，朝向水池，捕捉到了这座公园荫翳和阳光两厢对照的时刻。（菲利普·兰登摄）

高架桥和有轨电车

洛夫乔伊高架桥，一条承载穿越该区北部的汽车和卡车流通的丑陋高架路，经过铁路站场上方，必须得先将这条高架路拆除，人们才会愿意住到珍珠区北部来。1999 年，这条高架路终于拆了，为沿着洛夫乔伊街的一条"主街"走廊的开发让路。那里开发的建筑地面层将专门用于零售业，上面的楼层则是住宅。这条走廊将成为此新兴社区的一个活动中心。

波特兰有轨电车线路建成后，以前曾是铁路站场的部分用地上的开发密度，跃升至 1 英亩 109 套住宅单元。[8] 尽管批评者们说，公共汽车比有轨电车更便宜，也更灵活，官员们还是坚信，有轨电车——其行车路线可见且固定——必不可少，它可以改变人们认为珍珠区太偏远的感受，并且方便地将人流引入珍珠区的各个部分。

波特兰有轨电车于 2001 年开始运营，其车辆外形流畅雅致，车底板很低，易于上下车，电车穿过珍珠区，去往几个街区以西的医院和零售餐饮地区，去往西北第二十三大道，市中心，波特兰州立大学等。后来有轨电车线路延伸，先是到达市中心以南一个地点有点偏僻的滨水地区，然后穿过威拉米特河的东岸中心地带。威廉姆斯很惊讶，有轨电车已经"变成了一个经济引擎"。1998 年到 2015 年之间，有轨电车线路两边 1/4 英里范围内的土地，都经历了一轮开发的热潮。2 300 万平方英尺的房地产项目建起来了，其中包括 770 万平方英尺的商业空间，近18 000 套住宅单元。经济分析师估计，35% 的商业开发，41% 的住房建设，直接得益于靠近有轨电车线路。⁹ 住在这条走廊范围内的人数猛增了 34.9%，相比于这座城市整体上 12.4% 的人口增长率，接近三倍。

研究人员发现，沿有轨电车线路居住的近 39% 的居民没有私人小汽车。在整个波特兰，居民们 62% 的出行方式是单人乘坐车辆，也即个人开车，但是在有轨电车沿线 1/4 英里范围内的居民，这一比率比较低，为 43%。"有轨电车是我四处走动的主要方式。"六十多岁的低收入租户威廉姆·比尔斯说。机动性对于比尔斯来说至关重要，"我需要经常去看医生。"他说，"我借助有轨电车和电车前往 OHSU。"OHSU

霓虹灯照明的"乘坐有轨电车去"的标志，俯瞰着西北洛夫乔伊街上的波特兰有轨电车线路。有轨电车沿线的开发已蓬勃发展起来。（菲利普·兰登 摄）

是坐落于市中心南面马夸姆山丘上的俄勒冈健康与科学大学（Oregon Health & Science University）下属的一家医院。

"我几乎算得上就是在有轨电车沿线解决了我的所有生活需求。"凯特·华盛顿 2011 年搬进了珍珠区一幢受到补贴的建筑——雷蒙纳大厦，她乘坐有轨电车前往波特兰州立大学，她在那里获得了社会学学士学位，又获得了城市规划的硕士学位，"在这里，即使不使用汽车，也能很容易就拥有一个良好的、富有效率的生活。"

里克·古斯塔夫森是一个管理波特兰有轨电车的非营利性公益团体的负责人，他说，如果人们能够在不到 2 英里的范围内满足所有需求，那么汽车就会变成最不受欢迎的出行方式。在混合用途的社区开发中，如果生活必须的需求能在距离家很近的地方得到解决，"你就会走路，骑自行车，或者乘坐公共交通工具。"

有轨电车称不上快捷，但速度并不是有轨电车的关键。在密集的城市环境中，有轨电车的关键更多是充当一个"步行延伸器"，在几分钟的时间内，帮助行人踏足更多的地方，到达更多目的地。有轨电车还有一个使命，即创造一种居住模式，一种减少自然环境负担的模式。

秘方：小街区

19 世纪时，波特兰核心地区是以小街区的样式铺开，小街区的规模，边长约为 200 英尺。按照美国大多数城市的标准，200 英尺 ×200 英尺的街区实在是很小的，连纽约曼哈顿典型街区的 1/4 都不到。小方块式的街区网格从未延伸入波特兰的铁路站场用地，因此当城市当局和开发商考虑再开发时，他们拿不定主意，是不是应该继续延展小街区网络的模式。波特兰发展委员会的布鲁斯·艾伦看到了小街区的优势，城市中心在小街区系统下，运行良好，小街区也使行人和汽车驾驶者都有了更多的路线选择。小街道，小马路，不像大马路那么大，那么吵闹，以步行来说，大马路会让人觉得更危险，更不舒服。"小街区模式对交通来说，非常有效。"艾伦说，"允许人们快速进出。"

"我们不大想追随 200 英尺 ×200 英尺的网格模式。"因为这种模式中，绝大多数街道是单行道或双车道，斯韦策表示，"这对我们来说是一个主要的障碍。"不过，霍伊特置业公司最终接受了 200 英尺规模占多数的街区布局。"不值得在这一问题上争论不休。"霍默·威廉姆斯同意斯韦策的说法，他把这些 200 英尺的街区称为"波特兰的秘方"，是创造"更好的人性尺度、更多的拐角以及在这些拐角上相互竞争的餐厅"的模式。

在小街区中，街道从路缘石到路缘石的宽度一般为 36 英尺，这是大多数行人可以快速穿行的一个距离，从而减少行人被车辆撞击的可能性。人行道，包括行道树占据的空间，通常为 12 英尺宽。建筑物之间的距离为 60 英尺，非常小，可以为街道空间提供一定程度的围合。通行需求被分散至众多街道，所以许多交叉路口根本不需要交通信号灯，一个停车标志就够了。这带来一种好处，即相比穿越一处设置交通信号灯的马路，行人在穿越一处标有停车让行标识的马路时，通常感受到的安全威胁会小一些。在那些设置交通信号灯的路口，汽车驾驶员会因为一种要抢在信号灯变换之前过马路的心态而加速。

停车位大多位于街道上或地下。布利茨·魏因哈德啤酒厂于 1999

占地足有五个街区的百威啤酒厂建筑群，部分建筑仅三层楼高，较低的高度有助于营造适合行人的舒适环境，格丁·埃德伦开发建设。该开发项目包括办公室、住房、文化活动场所、餐馆和一些该地区最高档的零售设施。（格丁·埃德伦供图）

年关闭，其所占的五个街区接下来被格丁·艾登伦转换成七幢建筑物的一个集群，包括顶级品质的办公空间、高档零售和豪华公寓大楼，仍旧被称为啤酒厂街区，其停车位总共 1 300 个，仍然被设置在地下。

珍珠区得益于波特兰多年来实施的使得市中心宜步行方面的实践尝试。在市中心，波特兰已确定，建筑物的底层应该包含"积极的用途"，诸如零售、餐馆和服务业等，路过的人要能够一眼瞥见建筑物的室内，各建筑物的背面不应该让垃圾箱和卡车停放分隔间占满，开发商要让建筑物的四个面向都呈现出来。所有这些标准也都适用于珍珠区。

也不是一开始就运作良好。零售业"对我们来说，是后来加进来的东西"，在霍伊特街置业公司任职的斯韦策承认，"我们曾专注于销售公寓单元。"零售空间的窗户开得不够大，在一些建筑物中，零售空间空置长达一年甚至更长时间。但慢慢地，大家都在学习如何做得更好，结合更多的玻璃界面，灵活地设计地面层单元，刚开始运营时，可以作为居住或工作空间，而当该地区人口增长时，则转变为商店或餐馆。城市的设计审查部门鼓励开发商在进行开发时，能放眼至未来几年。

珍珠区里鲜有树木，直到 20 世纪 70 年代，业主们开始种植树木。"要改变一个地区，没有什么比艺术家和行道树更好的方法了。"阿尔·索尔海姆总是喜欢这样说。后来，波特兰市强制要求种植行道树。在一些地方，比如欧文街和科尔尼街的某些街段，还建造了景观丰富的行人通

街区中段的通道提供了穿过珍珠区许多居住综合体的景观葱茏的捷径。上图通道，由科赫景观建筑事务所为霍伊特街置业公司的布里奇波特公寓设计，建于 2003 年，是第一个向公众开放的街区中段通道。（史蒂夫·科赫、科赫景观建筑事务所供图）

道，而不是简单地让人穿越为机动车辆设置的街道。这些绿色通道为人们提供了安静的去处，人们可以在那里坐一坐，或者和朋友聊聊天。

艺术也来了。2001 年，肯尼·沙尔夫创作了装饰新颖奇特的提基托莫尼基图腾柱，30 英尺高，来覆盖有轨电车系统的一些悬链杆，大大增添了该地区的魅力。拆除洛夫乔伊高架桥计划正在进行时，一个市民团体决定要保留这座高架桥的一些粗壮的混凝土柱子，这是珍珠区特有的艺术传承的一部分。阿萨纳西奥斯·埃夫西米乌·"汤姆"·斯蒂芬波洛斯，是位希腊移民，也是铁路扳道工和书法家，曾于 20 世纪 40 年代末、50 年代初在这些柱子上描绘了希腊神话、美国史料和圣经意象的画作。[10] 人们喜欢洛夫乔伊高架桥的这些柱子，并坚持将它们保留了下来。就这样，两根各自重达 29 000 磅的柱子，被重新安装到西北第十大道的一座广场上，在那里，它们成了纪念当地历史和文化的焦点。

人的基本需求并未被遗忘。一个模块化的公共厕所，被称为"波特兰厕所"，在波特兰市的支持和赞助下得以设计出来，然后一个个造型优美的厕所单元被安置到公园附近的各个地点上。"它们非常受欢迎，也非常干净。"凯特·华盛顿说，"特别是有孩子的家长，对这些厕所的设置非常感激。"

紧紧抓住历史

珍珠区的许多老建筑物已经被重新充分利用起来。开发商格丁·埃德伦把建于 1891 年的带塔楼的第一军团军械库附属建筑保存了下来，并将内部转换为一个 600 座的剧院，安装了最先进的环境功能装置。这

　　波特兰厕所，珍珠区备受赞赏的 24 小时公共厕所。这座厕所位于贾米森广场边。
（菲利普·兰登摄）

西北第十一大道上的北岸仓库建筑之一，被改建为联排别墅。比街道水平面高几英尺的平台，原先是装卸码头，现在用作前门廊。（菲利普·兰登摄）

座罗马文艺复兴风格的建筑物成了波特兰中心舞台的演出场所，也是全国历史名胜名录上第一座赢得 LEED 白金认证的建筑。这座老建筑是格丁·埃德伦开发的五个街区、七座建筑物组成的啤酒厂街区综合体中的一部分，而这个综合体拯救了老的布利茨·魏因哈德啤酒厂。

西北第十一大道附近两层楼高的斯波坎、波特兰和西雅图铁路的北岸仓库建筑，被普伦德加斯特协会改造为联排别墅。这些建筑物的特色是，当初作为客运火车站和货运仓库时留下来的前面升高的混凝土装卸平台，现在被巧妙地改成了前门廊。[11]

在第十三大道上，仓库前面的装卸码头变成了人行道。这些人行道高于街道几英尺，这个高度使它们成为有趣的漫步道。还有一些装卸码头已经被改用于户外就餐。第十三大道的大部分地方都可步行，这是一条"共享的街道"，行人和缓慢行驶的汽车共存。西北第十三大道由此成为一个很受欢迎的闲逛之地。

1983 年筹备的"市中心最后一个地区规划"中，美国建筑师协会（AIA）的设计援助团队提议，在波特兰建立一片占地 50 英亩的历史地区。最终，波特兰审定许可的历史地区面积比提议中的小一些，覆盖大约七个街区。AIA 认定的 90 座历史建筑中，截至 2008 年，已有 35 座被慎重地改作新的用途。之后，全球经济衰退来临，在此后的经济恢复时期，发展重新增速时，那些未经历史保护认定的老建筑，都被拆除了。根据罗林斯学院教授布鲁斯·史蒂芬森的估计，有 25 至 30 座老建筑就此消失，其中一些老建筑在建筑方面算不上有特色。"许多建筑物遭到拆除，被那些 15 至 25 层高的套房出租公寓和独立产权公寓取代。"索尔海姆说，"这对于那些和我一样，在这里住了很长时间的人来说，让人痛心。"

压力之下的负担能力

人们越来越关切，珍珠区的住房成本是否会驱离那些没有资格获得住房补贴但又无法负担市场价格的公寓租金的人。2008 年经济衰退后建成的第一座独立产权公寓大楼中，住宅单元的价格是惊人的，平均每平方英尺 700 美元。[12] 珍珠区正在吸引越来越多员工薪资高昂的企业的入驻，那些对城市生活特别感兴趣的富裕人士也陆续到来。这两股力量加在一起，共同推高了住房的租金和销售价格，想要留在珍珠区的中等收入居民不得不面对挑战。斯蒂芬森说："负担能力这个问题就在每个人的嘴边，呼之欲出。"

与此同时，珍珠区大多数人负担得起的住房数量未如预期的一样高。霍伊特街置业公司和波特兰市自 1997 年签署协议之后的头 15 年里，霍伊特街置业公司开发的 2 000 套住房单元中，30% 出头是大多数人负担得起的。这个比例，与美国大多数城市的开发相比，已经是一项令人印象深刻的成就，但还是尚未达到之前双方同意的 35% 的要求。到 2014 年的时候，霍伊特置业公司所开发的可负担的住房比例还在下滑，低至 28%。[13] 根据霍伊特置业公司与波特兰市的协议，前者以折扣价，将一块 1/4 街区的土地出售给政府，然后政府安排一家非营利性开发商，在那个地块上为低收入至中等收入的人群建造公寓。[14]

埃德·麦克纳马拉——"可负担住房"大师

在珍珠区，龟岛开发公司的经营商埃德·麦克纳马拉为低收入人群建造公寓，数量之多，无人能及，他说："我希望社区能良性、正确地发展，不仅以一种商业化的方式，而且还带着社会使命。"在麦克纳马拉 40 多年的职业生涯中，他做过建筑承包商，也做过一家叫"抵达"（REACH）的非营利性社区发展公司的经理，有段时间还担任过市长查理·海尔斯的顾问。

麦克纳马拉注意到，那些由非营利团体完成的住房计划很好，但往往得不到它应有的重视。于是 2002 年，在他于哈佛大学研究生院设计专业完成"勒布学者奖学金"进修项目 7 年之后，他成立了一家营利性开发公司，专门从事可负担住房的开发。他说，"我想，如果一家营利性的公司可以做这样的事，那么人们就会关注，而不再忽视。"

2005 年，麦克纳马拉是建造"锡特卡公寓"的团队一员。锡特卡公寓是一个包括 210 个住房单元的两座建筑物的综合体，面向"劳动人口"居民，也包括有孩子的家庭。这个综合体位于珍珠区的一个街区中，以西北部的诺思鲁普街、奥弗顿街、西北部的第十一大道和第十二大道为边界。由于得到了各种各样来源的补贴，六层楼的"锡特卡"建筑物内有较高比例的两卧室公寓户型，比珍珠区其他建筑物的两卧室公寓可供比例都要高。"锡特卡"建筑物内还有一座社区活动室、一个景观庭院、洗衣房、回收设施、免费的互联网连接，其门外还有波特兰有轨电车的一个站点。龟岛开发公司通过建造一个路边延伸带和一个有轨电车平台的方式，建成了这个站点，这样居民就有了进入这座城市大部分核心区的方便而廉价的交通方式了。[a]

人们以前从没有想过，有孩子的家庭会选择住到珍珠区的六层楼房里，不过，麦克纳马拉的观点是，"这个地方需要适合有孩子的家庭住房，这样感觉上才像是一个邻里。"因此，他调整了他的下一个项目，138 个单元的雷蒙纳大厦，更加强有力地倾向家庭和儿童，通过与波特兰学校系统合作，将这座建筑物底层将近 13 000 平方英尺的空间开发成教育空间，从而进一步大大增强了家庭和孩子的氛围。雷蒙纳大厦 2011 年竣工，这个项目证明了，孩子们——不论是生活在单亲家庭，还是双亲家庭——在这样一个环境中，都能适应良好。在一份报告中，麦克纳马拉说，这里的孩子多达 130 人，其比例比波特兰其他任何一个街区的比例都要高，对这些孩子来说，六层楼的雷蒙纳大厦就是一个家园。[b]

麦克纳马拉找到了各种各样可以使建筑变得让低收入家庭也能负担得起的精打细算的办法。"三间卧室、两间浴室的单元面积小到只有 1 077 平方英尺，"他说，"单元里没有空调，也没有洗衣机/干衣机。"精打细算的一份补偿是，这里也有一些特色，比如一处社区空间，"他们可以在那里举办孩子们的生日派对、电影之夜、讲故事之夜等等。"

"我实际收取的租金远低于我可以收取的金额。"麦克纳马拉说，"价格低，空置就少，租客流动也低，公司员工可以花时间与租户在一起，而不仅仅是带客户看房。工作人员了解这座建筑物中发生的一切情况。这种模式下，每个人都有额外收获，包括房屋的管理者。公司的员工很稳定，几乎没有流动，这些都让这里成为一个很好的居住地。我们也不断地升级房屋的设施，东西耗损了，比如地毯，我们补充进去的，是比原来更好的东西。这里的房子，看起来非常像新的。"

多年来，麦克纳马拉已经开发了 1 000 多套住房单元，他现在已停止在波特兰继续开发可负担住房，"作为一家营利性开发商，保持这样的做法，实在太难了。"他说，"我不会在珍珠区开发市场价格的住房，因为那样我就得收取高额的租金，而我对这种做法毫无兴趣。"麦克纳马拉的那些建筑证明了，在珍珠区的黄金时代，其成就是何等卓然。

a 安迪·吉格里希（Andy Giegerich），"可负担的珍珠区并非徒有虚名"（Affordable Pearl Isn't a Fake），《波特兰商业期刊》（Portland Business Journal），2004 年 6 月 13 日，http：//www.bizjournals.com/portland/stories/2004/06/14/story1.html.

b 克雷格·毕比，"波特兰西北部可负担住房探究"，俄勒冈州的 1000 位朋友，2012 年 6 月 26 日，https：//www.friends.org/affordablehousing tour.

根据目前可获得的最可靠的估计，截至 2011 年，珍珠区大约 1/5 的住房，仍坚持要容纳价格低廉的单元，低到平均收入线以下的家庭也可以负担。[15] 2011 年以后，中间人口，就是那些还没有贫困到有资格获得补贴，但也没有富裕到买得起城市新开发住房的那些家庭，他们面临的困难增加了。负担能力的问题，不仅仅珍珠区有，波特兰整个核心区以及核心区外的一些邻里也都有。

波特兰的住房紧缺，还有长久以来一直存在的无家可归者的问题，引发了城市政府的一系列反应。市议会于 2015 年 10 月宣布进入"住房紧急状态"，不久之后拨出超过 1 亿美元的资金予以应对。2016 年 3 月，州立法机构按照波特兰市民支持的一份提案行动，结束了俄勒冈州对"包容性住房"（inclusionary housing）条例的禁令。"包容性住房"条例，要求开发商新开发的住房单元中，必须包含低收入到中等收入的居民也能负担的单元，这个条例已经被其他一些州的地方政府采用，实施已久，其中最突出的是马里兰州的蒙哥马利县。随着俄勒冈州这一法律条款的变化，波特兰市就能够要求开发商，在新项目中必须预留 20％ 的住房单元，提供给那些收入不到中位数 80％ 的群体；作为回报，开发商将获得开发密度奖励或财产税减免。[16]

2016 年 11 月，波特兰选民通过一项 2.58 亿美元的债券措施，旨在为低收入人群提供更多住房，目标之一是为那些家庭收入低于中位数三成的家庭提供总数 600 套的住房单元，当时一个四口之家的家庭收入中位数大约是 22 000 美元。这笔债券将通过增加房产税来支付，摊到每一个城市住房所有者身上，大约一年损失 75 美元。[17]

波特兰近期还提高了税收增量融资收入的款额，用于开发可负担住房。这个提高，从 30％ 增加到 40％，再到 45％，可能会在城市更新地区创造更多可负担住房。"尽管这很难预测。"麦克纳马拉说，"但我依然认为，珍珠区的可负担住房比例，比其他邻里更高。"

关于风格的斗争

开发商和建筑师在决定新建筑应当具备何种风格时，一开始就表现出对环境文脉的敏锐鉴赏力。新建筑从附近的老建筑中抓取线索。1993 年，普伦德加斯特进入在铁路站场建造新住宅公寓的市场，他建了珍珠公寓 ①，一座三层高的红砖建筑，其入口处采用圆形砖拱的式样。"珍

---

① Pearl Lofts，lofts 尤指由仓库或工厂等改建的套房，或改造后住人并整层打通的上层楼面。——译者

珠公寓与 20 世纪初期珍珠区的仓库和其他工业建筑融为一体。"城市土地研究所在关于该项目的一份报告中这样写道。[18]

许多新建筑都用红砖包覆，红砖是一种古老并广受认可的材料。窗户大多是垂直比例，类似于老建筑的那种窗户。鲍威尔书城以一栋四层楼建筑物，取代了位于西北第十一大道和库奇街的一栋单层建筑，新建筑经过一番处理，与周围环境相和谐。在此设计中，用的是一种凸出砖块的图案来装饰墙壁，还用一种带有凸出胸饰的女儿墙用于强调屋顶轮廓线。这些设计都有助于赋予这座建筑以视觉上的细节和人性化的尺度。

格雷戈里公寓是一座 12 层的混合用途公寓，于 2000 年竣工，所用建筑方式略微不同。这座建筑以 20 世纪 30 年代的艺术装饰风格为特色，例如曲线形的转角，这是一种在珍珠区几乎没有先例的美学。艺术装饰图式在格雷戈里公寓上被巧妙施用，格雷戈里公寓的工业化窗框窗户，与附近的旧仓库非常贴合，这幢建筑因此非常受欢迎。

20 世纪 90 年代以及 21 世纪头几年，在珍珠区建造的建筑，大多反映了"珍珠区的背景文脉"。波特兰城市发展顾问迈克尔·米哈菲说，这些建筑物"就步行者层面的尺度和细节而言，具有一个兼容的特征"。

那些建筑物将采光、与户外的连接这两点都做到了最大化。珍珠区的公寓，一楼单元以宽阔的窗户为特征，天花板高达 12 英尺。"在一座以漫长、暗淡的冬日而闻名的城市，人们渴望自然光。"城市土地研究所在其关于该建筑的报告中如是说。

许多建筑物被设计成围绕共享的户外空间而建，这些户外空间，有不少可以让居住者在其中放松身心。庭院将光线带入公寓并产生一种宽敞的感觉。起初，开发商们认为，通往庭院的通道，安全起见，必须要设置上锁的门，但时间流逝，越来越多的新建筑压根儿没有设置这样一扇门，居民们大有几分"自己维护治安的意思"，斯韦策说。开放的街区中央通道为步行者们提供了极具吸引力的捷径。大多数情况下，非居民们"不会长时间逗留在那里"，斯韦策说，"人们都知道，它属于那里的居民。"21世纪的头十年里，这座城市的无家可归人口问题愈加严重，人们在几个地方装上了大门，装大门这一举措是否会成为普遍现象，还有待观察。

随着开发进一步向北移动，需要联系的文脉背景减少，许多新建筑采用了更加当代的风格。简单、直截了当的形状，光滑的墙壁，很少或压根儿没有的装饰，这些使得一些建筑好像没有那些老建筑那样丰富，有特性，但是它们构成了一个像样的街道背景。被居民们装饰起来的阳台，显现出人类居住的迹象，这是一个社区活跃的因素。

2008年的世界经济危机和急剧的经济衰退使珍珠区的大部分发展停滞了好几年，一些居民认为，建筑业领域的发展降速导致官员降低设计标准，"经济衰退后，一些真正低劣的设计却已经在珍珠区北部获得批准。"主持邻里协会规划委员会的凯特·华盛顿说，"这座城市有种'拾得篮中就是菜'的心态，什么样的建筑都可以接受。在拥有文脉背景的老邻里与北部地区之间，你可以真切感受到这区别。"

北珍珠区近期建造的一些建筑底层缺乏零售，这减少和损害了街道的生活氛围，斯蒂芬森说，他在佛罗里达州温特帕克的罗林斯学院负责环境研究和可持续的城市主义项目，并且他在珍珠区常年持有一套公寓。背后的问题是，北珍珠区的步行交通比南珍珠区稀少得多，正因为这样，新的店面空间需要相当长一段时间来吸引租户。

"零售业很难。"艾伦·克拉森说,他是发行覆盖波特兰西北部的一份报纸《西北观察者》的编辑和出版人。一些空间已经空置一年,甚至更长时间,一些空间被高端的全国性零售商或银行填补,但这些业态,是一种视觉上单调乏味的用途。人们做了一种尝试,在建筑底层空间设计引入公寓或生活/工作单元,寄望等以后人流量情况好一些时,这些空间能转换为商店和咖啡馆。

斯蒂芬森相信,如果能够在威拉米特水滨打造一个受人欢迎的目的地,周边的步行交通就可能成倍增加。到目前为止,政府官员们尚不愿意花钱来做这件事。

克拉森指出,邻里协会规划委员会的建筑师一再表示,"我们想要建一些更大胆的建筑"。他们倡导"大的楼,大胆的楼,高的楼,超高密度的楼"。全球金融危机导致的开发中断期过去之后,2013年,霍伊特置业公司继续推进"国际大都会"项目,一些人为此感到欢欣鼓舞。"国际大都会"项目是北珍珠区的一幢28层高的玻璃幕墙的公寓塔楼,高度340英尺,这将是波特兰最高的建筑物。斯蒂芬森对这一项目深恶痛绝。

"它很突兀,与环境不和谐。"他说,"高楼的幕墙眩光实在太刺眼了。""国际大都会"矗立在两座公园之间,在一条走廊上,该走廊应该是将珍珠区不同部分系结在一起的关键,但按照斯蒂芬森的说法,"这栋高楼将你想看到的景色销毁殆尽,它破坏了视觉连续性上的任何一点可能。"[19]

2015年,一座称作"The NV"的高层建筑也开始建造,距离"国际大都会"几个街区。"The NV"的塔楼，从占地一整个街区的裙房上升起，在城市街道网格的水平面上旋转了 45 度，塔楼旋转的设计，使得居民眺望威拉米特河所看到的景观最大化，但它也妨碍了珍珠区城市形态的规律性和连贯性。[20]

米哈菲在《星球公民》（Planetizen）① 这家规划新闻网上写了一篇尖锐的评论，论述自 2011 年以来获得许可的建筑物，他写道："应当以明确的、可预测的、形态为基础的法规来指导开发，以便使开发与其邻里的尺度得以慎重地协调起来，减轻开发对城市整体性的影响，但实际情况不是这样，这个城市强加了一场主观的游戏，即'给设计专家组成员留下深刻印象'和'谁是最佳的渲染画手'，那些建筑效果图出了名地与实际建造结果迥然不同。"[21]

米哈菲认为，这一类建筑物是整体建筑文化领域的一个问题的征兆显现。"建筑已成为一部创造新奇的机器，好像一个游戏，游戏的名称得让人兴奋，具有戏剧性，追求独特性，或者说，好像最新的时尚趋势，不用管新趋势是什么，反正得和以前的不一样。"他说，"但这不是解决问题的办法，只是一种为了新奇而新奇的做法。"

要从追求新奇的建筑中建立起一个有凝聚力的邻里是很难的。米哈菲一直坚持这样一个观点，[22]"城市居民有一个基本的需求，他们要了解他们的环境，并要在其中发现意义和价值。"

当然，珍珠区中不和谐的建筑物的数量并不是太多，大多数居民

---

① 　一个与规划相关的新闻网站，由加利福尼亚州洛杉矶的"城市洞察"（Urban Insight）技术咨询公司持有。——译者

前景中看到的是格丁·埃德伦开发的五个街区规模的啤酒厂街区综合体的一部分。这个七座建筑的综合体融合了新旧建筑，也混合了多种用途，包括商店、办公室、住宅、餐厅和文化景点。（格丁·埃德伦供图）

对整个地区似乎还算满意。这个地区不仅有充满趣味的、富有人性尺度的传统建筑，还有许多现代建筑，这些现代建筑为公共空间提供了一个令人满意的背景。在啤酒厂街区这一地区最出色的开发项目中，崭新的现代建筑和有着数十年历史的砖砌建筑，构成了一个充满活力的组合。

　　并非所有当代事物都不合适，但是这座城市需要谨慎，是否真的要将建筑上的"大胆无忌"变成珍珠区的一张名片。新颖而赚人眼球的建筑可能可以达到它们的美学效应，但代价是牺牲更加持久的品质——那些有助于营造步行环境的品质。

"亲城市观点"的胜利

里克·古斯塔夫森是波特兰三县 ① 大都市政府和波特兰有轨电车公司前任负责人，他追溯了1973年以来波特兰的巨大进步。当时，尼尔·戈德施密特被选举为市长，继而引领官员们在如何处理规划、开发、交通和区域塑造方面开始了一场变革，出现了一种"本质上基于简·雅各布斯思想的投资策略"。古斯塔夫森说，"这引起了非同寻常的争议"。反对者——那些接受了一座以高速公路和汽车为导向的大都市理念的人们，"真心觉得你是来自月球的人"。

尽管存在争议，但多年来一直有"一个稳定的支持基础，大约60%的人赞成规划"。这种亲城市观点从未被逐出决策权力。古斯塔夫森说，人们坚定支持一个紧凑的、以步行者为导向的城市愿景，成就了波特兰的成功，这样的一种成功，在规模相当的城市中，波特兰是独一无二的。

波特兰市设立了一个邻里参与办公室，帮助各邻里与官员和各局协作性地合作，居民可以通过他们的邻里协会发挥影响力。例如，珍珠区邻里协会规划委员会，有权审查珍珠区的土地使用、设计和交通议题，并告诉城市各局，它希望要的结果是什么。

珍珠区现在还需要些什么？一两所真正意义上的完整公立小学，一

---

① 俄勒冈州的华盛顿（Washington）、克拉克默斯（Clackamas）、马尔特诺玛（Multnomah）三个县。——译者

骑自行车的顾客蹬车离开珍珠区的一家主要杂货店。波特兰市供自行车骑行的邻里绿道网络贯穿整个珍珠区。（菲利普·兰登摄）

座公共图书馆，更多的家庭规模的公寓，等等，会使这个邻里变得更好，使得珍珠区成为一个吸引更多孩子的邻里。珍珠区有很多新生儿，如果能有更多年轻家庭获得满足他们需求的住房，他们就会留下来。

　　珍珠区实在令人印象深刻，这里的许多事情处理得很好，彼此相互加强。珍珠区展示了一个范例，如何建设相对稠密的公寓和联排别墅的集群，两者得以很好地组织起来，共同为良好的城市生活加分；展示了老旧建筑如何能够置入富有想象力的新用途，如何能够容纳各创意经济部门。这个地区热烈拥抱艺术，包括公共艺术。这里也是引导有轨电车系统重生的先驱。2001 年，波特兰有轨电车的第一条线路开始运营，其他许多城市受到波特兰的启发，也去建造它们自己的有轨电车线路。

珍珠区将日常生活的大部分需求设置在步行距离之内，而那些不在步行距离内的必需品，大多数情况下，也可以通过一段快速有轨电车的短途旅程到达。

这个 120 个街区规模的地区是一项证明，即富有才智、精力充沛的人们一起努力，可以在 30 多年的时间里（以 AIA 1983 年的研究作为起始时间点），达到何等样的目标。该区的大部分成就是在 20 世纪 90 年代中期才开始大规模地发生的，巨大的进步是在 20 年间，甚至可以说是更短的时间内取得的。如果说，珍珠区过去曾有一些亮点，就好像一些珍珠隐藏在粗糙的贝壳里面，今天这样的珍珠则比比皆是。建筑物、街道、公园和聚会场所汇集在一起，形成了一个了不起的邻里。建设社区是一项要求非常高的工作，而波特兰人在此道上，成就斐然，值得展示。

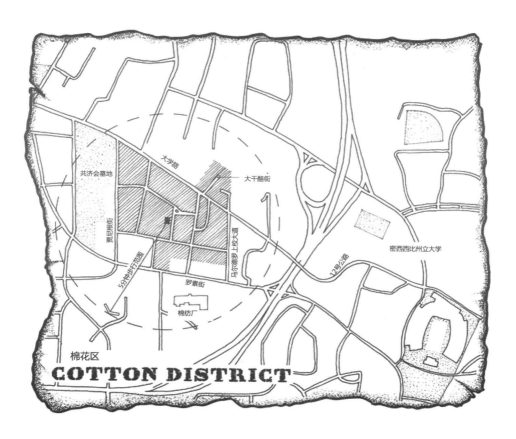

棉花区（阴影处）和周边地区的地图。自从斯塔克维尔于2013年采用了一个以形态为基础的法规，开发商们已宣布在该区北部、南部边缘的大学路和罗素街上建造新的居住或混合用途的项目，以丹·坎普的成就为基础继续建设。（迪鲁·A.沙达尼绘制）

第 6 章
耐心的场所营造：
密西西比州，斯塔克维尔，棉花区

1995 年，我还是《进步建筑》（*Progressive Architecture*）杂志的新闻编辑，曾经手发表了一篇题为《场所营造者》的文章，讲了一个意志坚定者的故事，他成年后的大部分时间都花在营建密西西比州斯塔克维尔的一个邻里上，他称这个邻里为"棉花区"（Cotton District）。那篇文章的作者玛丽莲·艾弗里观察到，棉花区"看上去是一个在历史上有名的社区，有其传统建筑和精细质感的都市生活的结合——富裕家庭往往会在那里住上好几代的那种社区"。不过，她指出，该地区的建筑实际上主要是"由一个人设计和建造的：丹·坎普 (Dan Camp)，他以前曾是手工艺课的老师，对建筑和城市设计怀有个人兴趣"。[1]

坎普设计建造的建筑的照片，给我留下了极其深刻的印象，那些建筑看起来完全和南方常见的大量老建筑物一样。一年后，我在南卡罗来纳州查尔斯顿关于新城市主义的一场集会上，听到坎普演讲，他本人同样给我留下了深刻的印象。手工艺课的老师变成了一个开发商——他的全名很少有人使用，叫罗伯特·丹尼尔·坎普 (Robert Daniel Camp)——

　　丹·坎普在大干酪街上。大干酪街被这座浪漫的、异想天开的"灰姑娘之家"横跨而过。这幢三层楼的小建筑以一种迷人的方式，让沿着狭窄砖砌街道的景观有了一个美好的结尾。（菲利普·兰登 摄）

在棉花区，不是所有的建筑都成直角排列。坎普将一些街道扭转，并将建筑物顶着路缘石分布，创造出一种有机的感觉，让人想起历史村落。（菲利普·兰登摄）

他有着独立的思想，时而火辣，时而幽默，是"社区应当满是老建筑并适合步行"理念的狂热倡导者。

从那次听演讲到我有机会访问棉花区，将近20年过去了。我最终到达密西西比东部，所见并未让我失望。坎普的创作，本质上就像艾弗里所报道的那样："每扇房门、每扇窗户、每道栅栏和每座大门都是用木头精心制作而成，细部做法让人想起在萨凡纳、亚历山大和查尔斯顿等等地方看到的建筑。人行道将各种公共和半公共的空间连接起来，并导向狭窄的街道。居民们在街道上缓缓步行，相互攀谈。"

这是个大约有10个街区的地区，一百多栋建筑，全部归坎普和他的家人所有，其中包括350套公寓，还有餐馆、酒吧和其他商业空间。

它们都是坎普多年耐心营建的产物。坎普所拥有的房产中，穿插着其他房东、开发商和机构所拥有的建筑，绝大部分很普通，不怎么引人注意。正是因为坎普的建筑太吸引人的眼球了，并为这个地区定下了基调。坎普的建筑，类型非常丰富。小到 12 英尺 ×22 英尺的小屋，大到三层混合用途的建筑，所有的建筑都采用"传统"的风格，但是形式各异，并借鉴于不同的地方和时期。棉花区给人感觉，不像是由一个人或一个组织营建起来的，相反，感觉上它像是一个已经经过几十年演变的邻里，融合了不同的影响。相对于当局最初对它的低期望值，棉花区已经成了斯塔克维尔的骄傲，是这座 23 000 人的小镇上最充满活力的地方。

坎普主要是靠自己的力量进入到建筑和房地产开发这个行业里来的。他于 1941 年出生在路易斯安那州的巴吞鲁日（Baton Rouge）①，在密西西比州的图珀洛（Tupelo）长大，他的母亲在那里教书。埃尔维斯·普雷斯利②曾是坎普夫人六年级班上的学生，在他出生地的一块铭牌上写着坎普夫人曾邀请埃尔维斯在全班同学面前唱歌，并鼓励他使用吉他弹奏，有人认为这是一种"乡巴佬"的乐器，是乡村音乐的一个伴生物。

很小的时候，丹·坎普收到过一本《男孩机械师》的书。对于一个喜欢了解事物之间如何组合的年轻人来说，那本书也是《大众机械》杂志极力推崇的，非常鼓舞人心，影响了他的人生方向。"我 13 岁时，设计了一艘可以住的游艇。"坎普回忆说，"我还从这当中学到了有关

---

① 美国路易斯安那州的首府，位于该州的中部偏东南。——译者
② 埃尔维斯·普雷斯利（Elvis Presley, 1935—1977），20 世纪 50 年代美国最有影响力的摇滚歌手，也称"猫王"。——译者

大学路与麦斯威尔街的交接处，是棉花区餐馆和夜生活的中心，那里有三层楼的建筑物，底层是餐饮设施，上面楼层是公寓。各种活动从 BIN 612 餐厅向户外延伸，使得十字路口充满活力。（棉花区的杰里米·默多克提供照片）

比例的知识。在接下来的三到四年里，我使用手工工具，把那艘船造了出来，独自一人，没什么人帮我，我的家人对那些事情不感兴趣。"

坎普在维克斯堡教过很短一段时间的工艺美术课，然后于 1967 年定居斯塔克维尔，在他的母校密西西比州立大学教授制图阅读、制图和手工艺课程。他的妻子想要一所房子，于是坎普决定自己动手来建。"正因此，"他说，"我对房地产产生了兴趣。" 1969 年，坎普利用他在股市上赚的钱，自己设计，建造了一幢两层的隔板楼房，其中包括 8 套可供出租的公寓，坐落在拉默斯路上。那是一个曾被称为"尼德摩尔"[1]的破败邻里，邻近有一家废弃的棉纺厂。"说起这个选址时，大多数人

① Needmore，语带双关，求过于供的意思。

会认为选择很不明智。"坎普说。[2] 这个邻里，要过好几年以后，坎普才称它为"棉花区"，当时主要是工厂工人的住房，在 25 英尺 ×100 英尺的一个地块上，是一栋一个房间宽、几个房间深的住宅。他说，20 世纪 60 年代，"大多数出租房都处于一种毫无希望的状态中"。

按照当时的区划标准，这个邻里的绝大部分地块都不够标准，但是坎普用他自己筹来的钱，一点点地重建一个破败的地区。政府官员们认可坎普的努力，尽管一些地块明显太小，他们也允许他在上面建造房屋。坎普把停车位塞进任何能将就的地方，有时甚至在房子的后面。坎普提交给市政厅的许多建造方案就像随手画在餐巾纸上的草图，"没有问题，市议员们一准通过。"他说，"他们说，'只要不去城里其他地方，这里怎么样建都可以'。"

拆旧建新也不是问题。棉纺厂于 1955 年关闭，一系列产权变更后又重新开放，然后于 1962 年永久关闭。1968 年的时候，大多数处于工作年龄段的家庭都已经搬走了，坎普这时开始了他的土地购买。长期担任斯塔克维尔市议员的玛丽·李·比尔 1970 年时承租了坎普最早建成的公寓中的一套，她说那个时候这里的居民大多是棉纺厂的退休人员，"随着这一批人的过世，丹·坎普和其他人一起买下了这些房产，将它们转为租赁住房"。

坎普所选地区的最大优点是地理位置，这个邻里距离密西西比州立大学西边缘大约 10 分钟的步行。另一个方向上，顺着大学路往西走，距离斯塔克维尔市中心大约 20 分钟的步行。坎普发现了斯塔克维尔城市生活的绝佳位置。

到 1972 年时，坎普已经造了 16 套出租房单元，从公寓这项生意

棉花路上的小屋，大约 14 英尺 ×18 英尺。房子的古典样式使它的外观看上去比实际尺寸要大，前门廊的形式弥补了房子室内空间的有限。（菲利普·兰登 摄）

中净赚的钱比从教职中挣得的多，于是他离开大学，成了一个全职的独立承包人。他为自己，也为客户造房子，主要在斯塔克维尔及其附近。他在棉花区造的公寓，主要靠学生来住，他按市场价格收取租金。现在，他的月租金从一平方英尺 1.25 美元到 1.75 美元不等。这样的租金，不论现在还是过去，都不便宜，但是由于单元面积小，租客还是可以负担得起的。单身租客，可以租测量数据仅为 16 英尺 ×20 英尺的一间独立式小屋，屋里还有一间睡觉的阁楼。租户中也有少数学者和专业人士，他们都喜欢坎普的公寓单元，喜欢这些房子有高高的天花板，喜欢那些门廊、阳台、带有景观的室外空间，以及房子异常精细的建造。

房子如何建

正如艾弗里观察到的："坎普开发棉花区的方法一直都是直观且个人化的，他喜欢木工和建造。他崇拜传统建筑，在诸如维克斯堡、萨凡纳、新奥尔良、亚历山大、纳齐兹及一些南方小镇等富有历史的地方，花了无数时间去研究和勾画传统建筑。"[3] 他已经积累了大量的参考书藏书，比如权威的八卷本《新奥尔良建筑》系列。他还到更远的地方旅行，从意大利、比利时、大不列颠和其他地方的历史建筑中带回灵感。

欣赏传统建筑是一回事，建造就完全是另一回事了，尤其是在成本开销不得不与常规开发相竞争的情况下。坎普对此的解决方案是，培训他自己的工人制作柱子、柱头、门、窗和百叶窗，所有这些都按照传统风格成适当比例制造。坎普开了一家木工店，就在他自己的四层楼带有查尔斯顿式侧面庭院的寓所后面。坎普的寓所在棉花区的中心地带，他

　　丹·坎普（中间一位）是棉花区的开发商，他正在向员工 J.D.琼斯解释一个构造的细部，另一名建筑工人埃里克·赖斯在一旁看着。后部就是作坊，坎普的建筑物的许多构件就是在那里制作的。（菲利普·兰登摄）

的雇工就在那里生产制造那些符合他严苛标准的建筑组件。

　　"窗框，"坎普说，"是按老法子做的"，用榫眼和榫头牢牢地将竖框固定在适当位置。楼梯踏步按牛鼻式捣圆角边缘制作，下方带凹槽。百叶窗也有榫接构造。

　　车间工头是一个性情安静的人，名叫小亚伯拉罕·林肯·普拉特，他高中毕业前就开始为坎普工作，从 20 世纪 70 年代起就一直和他在一起合作。谈到普拉特这个人，坎普说："一扇打破了的十二格光窗，他也能重新修好，放在我们店里卖。"

　　这些年来，坎普逐渐改良他使用雇工的方式。大部分门已经不再由雇工制作，而是从一个外部货源购买，坎普特别指出："如果有人想要花钱来学的话，我们仍然可以做门，我们拥有制作门的一整个知识库。"坎普也不再制作木制的窗台和过梁，因为维护令人头疼，尤其是当这些木制部件暴露在密西西比州高温和雨水下的建筑物南立面上。取而代之地，工人们采用定制水泥来制作窗台和过梁。工人们还使用手工制作的木制模具来制作水泥楼梯踏步。

坎普也放弃了在工厂内部制作木工制品的做法，部分原因是为了加快生产，还有部分原因是这个做法已经变得太单调。"当一个挑战变成了陈词滥调，坎普就会停止。"尼尔·斯特里克兰德说，2013 年到2016 年，他是坎普办公室的一个工作人员，他说："他的一切出发点就是新挑战——尝试新的挑战，就是想看看自己是否能够应对它们，这也大大促进了人们对技艺的自豪感。"

棉花区的某一套公寓以一个独立式的旋转楼梯为特色。"我们用蒸汽处理橡木，使它弯曲。"坎普解释说。在参观这个区时，坎普指向"一扇价值 10 000 美元、占据了一幢小屋整个二楼的帕拉迪奥式弧形窗户"说，要做成那扇窗户，工作人员为了正确复制帕拉迪奥式的细部而绞尽脑汁。坎普又指着一扇巨大而精致的屋顶窗说，那扇窗由工作人员在地面上制作，然后吊升，在屋顶斜坡上安装就位。这种不寻常的制作方法，使得雇工们呈现出了无与伦比的高质量工艺。一个复杂巧妙的天窗"就像一件家具"。坎普说："这是一个挑战，就像我当年，还是 13 岁的孩子，去建造一艘船。"

大多数美国住宅都有从屋檐悬挂下来的雨水槽，相比之下，棉花区的一些建筑物，将雨水槽收进檐口，这比传统的暴露的雨水槽更令人赏心悦目。

"有一所房子，我们 30 年前就开始建造了，我们用 2000 年树龄的柏木来做门和门楣。"坎普说。按照他的说法，有一批直径 4 英尺到 5 英尺的柏木，于 20 世纪 20 年代掉进了位于密西西比三角洲的月亮湖，几十年后的一场干旱期间，这些柏木重见天日，而坎普获得了这些木头。把这些质地细腻的柏木磨碎时，它们闻起来就像苹果酒，这些木头做成的建筑部件还具有防腐的功用。

坎普对塑料很不屑。工作台面是工人们从一个锥形体中倒出水泥，制作而成。柜台是由工人们自己制作的一种模具成型。"我们得到了那种人造石外观的效果。"坎普解释。许多建筑物都有灰泥外表面，选中灰泥是因为这种材质的外观。在一组被称为密西西比房屋的双拼住宅（duplexes）上，灰泥被略微做了乡土化的粗糙处理，以求类似于石块。在传统建筑中，以一种材料来模仿另一种更昂贵的材料，是一种长期以来被接受的做法，但这种做法还是存在着限制，而且有的人对这种做法还很反感。

在一行联排别墅中，灰泥最初是一种深紫色，但是经过多年，灰泥已不均匀地褪色了。坎普似乎并未感到特别困扰，他喜欢岁月在老建筑上留下的斑驳痕迹。"我们不希望事物看上去太过完美。"走道上，坎普买的是 2 号砖，就是那种有小瑕疵的砖。"我们费尽心思，为的就是让建筑看起来没有那种迪斯尼的梦幻感。"另一方面，他确实避免使用那些会破坏预期美学效果的捷径。水分渗透进灰泥墙壁，导致框架构件或墙板腐烂时，坎普煞费苦心地从建筑物的内部找到腐烂的地方，为的是让外部的灰泥表面保持未经加工修补的状态。

有个性的小房子

坎普开始了增量开发的模式，一旦有房子待售，他就会买下来，然后想如何充分利用它们。有时，一幢既有的建筑可以进行翻新和出租。多年之后，坎普可能会将这栋翻修过的建筑重新收回来，拆除，然后建更大、更有利可图，或者更具优雅风格的建筑。他的这个模式增加了这个地区的个性多样化，也使得步行环境更加有趣。

坎普的小微住宅中，有一些很平常，但很多则拥有一种庄重之感。他对那些看起来像是从希腊复兴式风格（Greek Revival）时代走出来的小型住宅情有独钟。一些住宅甚至还有附设雕像的屋顶轮廓线，雕像的做法，"是我到意大利旅行了一趟之后开始干的一件异想天开的事"，现在他不再这么做了，"我妻子终止了这个做法"。

当坎普拿到足够大的土地时，他开始建造更大规模的公寓群，然后问题变成了如何赋予这片公寓群一种尊严的光环。通常，坎普建造的是看起来像一座两层或三层的古典风格的独户住宅，但会将内部分隔为小型出租单元。多套公寓在一栋建筑内，这栋建筑拥有对称组合的窗户、传统的斜坡屋顶，以及一个符合家庭规模的中心入口。

现代主义宣扬这样一个理念，即一座建筑可以"从内到外"设计，内部的需求决定外部的形态个性。对于建筑师来说，这个概念具有解放意义，但它也会常常带出并非出自本意的损害公共领域的结果。一座现代建筑向街道和路人呈现出的，是一副尴尬的或孤僻的面孔，甚至是一堵空空如也的墙壁，这种情况并不罕见。

　　坎普的方法则几乎是完全相反的。他珍视对称或平衡的外观，当对称性与内部需求冲突时，内部就不得不退让。"窗户是按比例的。"他说。坎普设计大学路上的一座三层混合用途的建筑，这是一栋特别突出的建筑，他发现，如果给立面设计一系列均匀间隔的窗户（这对建筑物的仪式感至关重要），那么某些房间里就无法安装壁橱。他想过将一些窗户放置在壁橱里，但最后还是摒弃了这个想法。最终，解决办法逐渐清晰，就是让工人们给这些房间建大型衣橱，而不是壁橱。最终，坎普得到的结果是，每位租户都有一件整齐的可以存放衣物的家具，而从外面看起来，这依然是一座非常漂亮的建筑。

　　棉花区的建筑给人留下一个形象定式，庄重威严与简单朴实兼具。

棉花区拉默斯街上的一座公寓楼，给人印象是，这是一座大而坚固的独户住宅。丹·坎普建造了大批公寓，它们都透着尊严，营造出一幅体面的街景。（菲利普·兰登 摄）

佛罗里达州科勒尔盖布尔斯的建筑师维克多·多佛说："如果单看，很多部分都有不可接受的问题，比如窗户上面的部分看起来短了些，比例太过拉伸了或者压扁了，装饰物尺寸过大或过小，门廊这么浅，等等，但综合起来，结果仍然很迷人。"[4] 坎普所做的事，比如将大理石粉料混合到现浇的混凝土台阶上，使这些台阶像石头一样发光，凭这一点，你怎么能不佩服这样一位建造商和开发商呢？

"当坎普得到一个项目的时候，"斯特里克兰德说，"他考虑项目的各个方面，怎么做，怎么让它更有创意，后期维护的性价比要高。他平衡利弊，所以这些建筑物造得非常合理，超越了它们所处的时代。"

户内和户外

随着时间的推移，坎普逐渐成为一个极力推崇尽可能多地提供自然光线、坚持景观和户外的联系应当最大化的人。"我们尽可能多地装窗户。"他说，"这些窗户至少有 6 英尺高，我们用很小的榫头，将窗户固定到顶板上，租客可以在窗户下放一张沙发，丝毫不挡光线。"

坎普也热衷于建阳台，他尤其为"大干酪街"一幢建筑物上的连续阳台感到自豪。阳台两端作弧线处理，与新奥尔良的老建筑相仿，阳台增强了狭窄的砖砌街道的亲密感。坎普建造前门廊，这些前门廊使得那些街道更加适合交际。他还建造露天平台。说起阳台、门廊和平台，坎普说："学生们很喜欢用，成年人则往往会隐藏他们正在做的事。"

圣母大学的一位建筑学教授，菲利普·贝斯会定期带研究生到斯塔克维尔来体验棉花区，深入了解坎普的方法。贝斯指出了开发中一个耐

一幢建筑物上的一个标志，宣告"大干酪街"的存在。（迪鲁·A.沙达尼绘制）

人寻味的地方。单从地图上看，"这里看起来平淡无奇，没有大的集中式的公共空间，没有任何标志性的东西"。好像没有整体规划之类的东西，如果有，也是很松散的几何形状，似乎只是狭窄的街道和不规则街区的一个集合。这个地区最初建造时，并没有总体规划，坎普也并未要强加一个什么规划。但是，贝斯说，坎普恰恰以一种提升房产价值和提高宜居性的方法，大大发展了这个地区。

贝斯说，特别有创意的正是坎普在各街区内部已经应用的策略。他将建筑物安置进四周有过去建的马厩的小街小巷、庭院或者其他的组团中。他创造了车道和步行道，无论你是坐在小汽车里，还是骑在自行车上，又或者是徒步行走，都非常令人愉悦。户外空间和通道提供了不同尺寸的花园和庭院，都不太大。"空间越小，越好。"坎普说。在坎普对各街区内部空间的塑造中，贝斯看到了类似新奥尔良迷人的法国区街区、庭院和通道的一种熟识感。

这些街区也被拿来与那些具有英属殖民地时期特色的费城和查尔斯

　　通往小屋的入口路径。在整个棉花区，通道和景观元素都被精心安排，为户外空间和运动增添了乐趣。（菲利普·兰登 摄）

顿的街区进行比较。在那些老城市里，高楼大厦立于街区的边缘，而小屋和附属建筑物——包括仆人的住处、厨房、作坊和马厩——建在街区的中心，形成了多样化的混合街区，它们具有人性尺度，且充满有趣的细部。[5] 棉花区的一些街区达到了每英亩 28 套单元住宅的密度，然而它们还是拥有充分的隐私。

大学路是这个区的主要通道，离它不远，坎普建造了舒适的"大干酪街"，一条一根车道宽的砖街，感觉像是法国区和古老欧洲的混合体。沿街的景色聚焦在一座三层楼高的梦幻般的建筑物上，顶部是一座圆屋顶，当地人称之为"灰姑娘之家"。他用建筑物底层的一个牢固的拱门，缝合街道空间，他知道这么做的结果是令人惊奇的，创造了非常与众不同的场景。

整个地区，建筑物很少沿着街道形成一条精确的直线排列。与之相反，建筑物总是对所在场地的独特性做出反应，以便达到诸如不必砍树让出位置的目的。没有什么必须自始至终遵守的规矩，比如单一的铺装、路缘细部或尺寸。砖的图案、街道的宽度、阶梯式的人行道、花园的围墙，以及围栏，都根据环境进行调整，这使得棉花区有一种真切实在的氛围。

长线管理

20 世纪 80 年代中期，在这个地区南部边缘的罗素街附近，坎普建造了一条砖街，比小巷宽不了多少，两侧排列着两层半楼高的联排别墅。他将其命名为种植园主街，并制订协议，允许联排别墅的底层进行商业活动。与他在该地区已经开发的其他产品不同的是，他出售这些单元。

在 30 英尺 ×36 英尺的地块上，有意向的买家，可以形成一条自有业主的街道，将有助于邻里的恒定性。结果令人失望。他曾预期在种植园主街上出现的小型商业企业，从未扎根，也许是因为位置偏远，也许因为这条 9.5 英尺宽的街道太过狭窄，人行道也很小。

当然，最令坎普感到烦恼的是，他在种植园主街这个项目上损失了资金。这个项目让他明确了，他原来的商业模式才是正途：建造房屋，持有产权，不出售。种植园主街项目之后，坎普就坚定地认为，开发一个精心设计的、混合用途的邻里，最可行的方式是，购买地产，设计出建筑物，派自己的员工完成精加工，分包商只承担粗糙结构，然后将它们租出去，管理它们。这也是坎普和两个儿子罗伯特与波恩积累下如此庞大的建筑存量的方法。

坎普认为，投入时间和金钱将定制设计的建筑造出来，制作建筑部件，量身打造周边景观，这一切只有保留房屋所有权才有意义，他们也可以随着物业价值的上升而收取稳定的租金。至少，在斯塔克维尔，坎普认为房屋一竣工就出售的话，他靠这些高质量的房屋赚不到什么钱，只会牺牲长期的增值利益。

与坎普的方法一致的是，坎普带着员工们，经营着一家办事处，办事处负责房屋出租、维护和维修。每天早上，坎普都会召集建设和维护人员——通常 8 到 10 人——7 点在办事处开会，布置当天的工作：一套公寓天花板刚修好，又有一处裂隙漏水；某台热泵坏了；某个单元里的煤气被关掉了；有个傻瓜房客走进了阁楼，他根本没必要去那里，结果他从天花板上掉了下来；一辆卡车倒车进一幢建筑物时损坏了一处转角墙板；一场重大的大学足球比赛后，垃圾遍地，必须清理。

坎普，眉头紧蹙，眼睛下方有着长长的垂直的皱纹，他倾听，引导，发出命令，穿插新闻和政治话题，他试图引导员工们讨论当天的议题。当我在场时，员工们中的一些人话不多，丹·坎普说自己"脾气不好"。也许雇员们宁愿快去做他们的工作，而不是在那里接受我的访谈。

7点20分左右，会议结束了。几分钟后，一位市议员和一位前市议员在一间舒适的前室里就座，进行一场政治讨论，员工们似乎不愿意参与其中。在那之后，坎普接听电话，与一家市政公司在电话里争辩，时间很长，让他失去了耐心。有一系列无休止的事情需要解决，一大堆没完没了的维修需要完成，还有一大堆絮絮叨叨的租户意见需要听取。在坎普这里长期供职的业务经理安妮·希金斯坐在近旁的一张桌子边，平静地帮他处理棉花区的日常难题。

麻烦解决，人们满意，如此循环往复。人们钦佩坎普所取得的成就。市议员、景观建筑教授杰森·沃克说，棉花区给了斯塔克维尔一种前所未有的地方感，"我们没有广场，没有河流，但我们有棉花区。"他特别提到，商会推销斯塔克维尔时，"总会带一张棉花区的照片，用来宣传。"密西西比州立大学想要庆祝一场体育赛事的胜利时，经常会选在棉花区，因为这里有大量餐厅和酒吧。棉花区"是名副其实的社区文化中心"。帕克·怀斯曼说。他是坎普以前的客户，自2009年以来一直担任斯塔克维尔市的市长。

前任市议员玛丽·李·比尔说，棉花区"给了人们一个闲逛的去处。它与过去截然不同。下午两点半的时候，学生们坐在某一个休闲、放松的地方"。她又补充道："几年前，这儿甚至没有可以坐着吃点东西的场所。"

为了表彰坎普的成就，斯塔克维尔市民们于2005年将他选为市长。任职期间，坎普负责处理了这样一桩事情，在市中心，而不是在一条高速公路的地点，建了一座新的警察局，一座新的城市法院。坎普雇了一个全职规划师，着手准备一份新的总体规划。斯塔克维尔是全美40座被美国环境保护署认定为"精明增长"的城市之一。斯塔克维尔采用了密西西比州第一项可持续发展政策，促进绿色发展，要求任何一座超过3 000平方英尺的公共建筑都必须获得LEED认证。

坎普任期结束后，该市采用了一套基于街道断面的区划法规，由"场所营造者"咨询小组制定，该小组鼓励紧凑、适合步行的开发。该法规授权，沿城市的不同走廊进行密集的、混合功能的开发。最近在棉花区各处边缘和市中心外围启动开发的多层住宅，就要归功于这部法规，其中一些多层住宅包含了底层的零售。[6]

斯塔克维尔市以前的督学拉里·鲍克斯（Larry Box）指出，坎普以前曾在教育委员会任职，并且是该市公立学校的有力支持者。这些公立学校在废除种族隔离令后，大部分白人学生流失。"在坎普激烈、粗暴的外表下，有一颗温柔的心。"鲍克斯说，"他真的关心是否为人们带来改变。"这其中也包括施工与维修人员。坎普以前的雇员斯特里克兰德观察到，坎普知道"如何做，如何安排每一项任务的每一步顺序，而这些任务牵涉到该地区时时刻刻都在进行的培养和维护工作"，他描述了坎普与员工合作的方式：

> 坎普想要建筑物呈现某种效果，他就必须先培训工人。他脑子里清楚地记着，每个工人能够做什么，他在头脑里力求最佳

地为多达 12 个员工设计出一份日常工作任务清单：

　　帮助每个员工各有所长，

　　让他们有活可干，一刻不停，

　　时刻准备着，应付突发状况，

　　帮助员工们发展出他需要的新技能。

　　也许这四点放在一起，并不是那么困难，毕竟坎普的员工很少，而且在工地情况的每次更新后，他有一整天的时间来修改他早晨的计划。不过，坎普在这些事上付出的关注，还是令人印象深刻。

　　坎普雇用的人，大多数是在社会上得不到什么机会的人，他们高中辍学，蹲过监狱，痛失心爱的人，经历种种打击后，走进了他的企业。坎普与他的工人们之间的关系，是商业利益和慈父般友谊的一种灵活的混合。除了早晨会议和下午下班打卡以外，工人们如果待在办公室里，可不受欢迎。如果任何人因为任何事情需要坎普，尽可以带着快乐或烦恼来找他，他总是会与他们分享快乐，分担烦恼。

激励年轻的企业家

　　一个适合步行的社区，得有有用的东西，让人们愿意步行过去。坎普为棉花区带入了一系列生意，其中大部分是小规模的生意。这个地区缺少足够的居民来支撑一应俱全的杂货店或大型的服装店，但足够支撑酒吧、餐馆、美发沙龙，一家旅行社，一间雪茄休息室，一家烟熏肉类供应商，等等。

　　"坎普一直鼓励那些有点子并想要将点子付诸实施的企业家们。"
杰西卡·奇克说，他 25 岁时，2014 年，在一个天花板很高、23 英尺
× 17 英尺的空间里，开了一家果汁和冰沙吧，就在大干酪街近旁。巴
顿·丁金斯 24 岁时，在一个 560 平方英尺的空间里，开办了"俩兄弟
熏肉店"。他说他很感激，能够有一家面积足够小的商店，允许他"以
极低的开销，不至不堪重负"地开始运营。

一个维修人员在修整大干酪街上的一座建筑物。坎普的经营理念是保留所开发建筑物的所有权，同时雇用员工来管理和维护这些物业。（菲利普·兰登 摄）

"这些小空间，正是为那些坐在宿舍里谈论想要做什么的年轻人设计的。"坎普说，他把起始租金定得很低，"我以每月 300 美元的价格开始出租，现在有些是每月 600 美元。"

坎普指导初出茅庐的企业家和他们的员工，就他们能够提供的产品或服务，如何与客户互动等方面给出建议。如果他看到某人用的是拙劣的方法，他就会直言不讳地指出。坎普一家"让我感觉自己是社区的一员"，卡莱布·内博斯说，他是一家叫作"司令官鲍勃"的餐厅的主厨，他说："他（坎普）有某种期望值，希望给人留下深刻印象，希望事物总会得到改善。"

如果某个经营者工作勤勤恳恳，通常都能得到成功。丁金斯说，在棉花区，口口相传足以成就一家新店，"因为这个社区关系如此密切，所以消息传得很快。"他说，"我就不曾做任何广告。"

一种更精简的城市主义

"这曾是一种小成本的城市发展类型。"坎普说。而这种发展类型已让坎普发家致富，也改善了斯塔克维尔人的生活。问题是，坎普在棉花区采用的那些方法是否能够应用于其他的城市和城镇呢？

答案是，可以，但坎普还拥有许多独特的优势集合。第一，该邻里地区的房地产价格多年来都保持着极低的水平；第二，坎普有实践技能，他理解建造，还可以把自己掌握的动手技巧教给别人；第三，尽管坎普在建筑方面没有受过专业训练，但他对设计有着很好的眼光；第四，坎普作为开发商的大部分职业生涯里，城市监管极少。[7]

大干酪街入口处的这一对淡黄色建筑物，包含一楼的商业空间和楼上的公寓。这条短短的街道，有着小心隐藏起来的停车空间，商店面积非常小，刚经营生意的人也能负担得起。（菲利普·兰登 摄）

按照坎普的观点，美国的开发商不知道如何控制成本。"问题是，大家都依赖于规划师、工程师、建筑师，可当所有这些专业人员都参与其中的时候，这个项目就变得太贵了，负担不起了。"他说，"全国差不多都是这个情况。"加在一起，这些因素就阻碍了坎普信奉的那种发展：人性尺度，煞费匠心的场所营造，经年累月地逐渐丰富，一个地方就变得越来越好。

新城市主义的密切关注者，如圣母大学的菲利普·贝斯，将棉花区视作许多人可以学习的一个开发模板。贝斯说："如果将他所建造的东西与95％的开发商建造的东西比较一下，我认为，这里是一个了不起的典范。"

如果某一个年轻的开发商要追随坎普的脚步，为了增加成功的机会，可以做的是，至少聚焦于出租房屋。新城市主义的开发商倾向于建造和出售，而不是建造、出租、管理和维护。坎普对这样一种理念是坚定不移的，即保持房地产所有权是一个开发商能否熬过住房市场跌宕起伏的关键。隐患也有，一个以出租为主的社区，很少有人一待就是几十年。从长远来看，大多数邻里受益，是因为住房所有者，即在邻里中拥有经济利益的家庭和个体，但出租房也是必须的，特别是在大学附近。

丹·坎普的故事说明了小开发商可以扮演的重要角色。"像格林尼治村①这样的传奇地方都是由小开发商开发的，不是大开发商。"斯特里克兰德指出，"你不能只依靠房地产投资信托，他们一点风险也不愿承担，只有小开发商才会不以为意地冒风险。这就是'精简城市化'的意思。我们要怎么帮助这些人，让他们把事情做成呢？"

新城市主义者在 2013 年提出了"精简城市主义"（Lean Urbanism）的概念，一年之后，在跨部门应用研究中心的主持下，精简城市主义的项目正式启动了。[8]精简城市主义的焦点是，改善设计，提升技术，使得开发以小增量的方式出现是可行的，例如一次一个、两个、几个地块，而不是整个街区或大片土地一起上。

迈阿密建筑师安德烈斯·杜安尼（Andres Duany）是精简城市主义的领头人和支持者，他声称，近几十年，许多地方出现了太多规则和要

---

① 指纽约曼哈顿下城西区 14 街至西休斯顿街之间的地区，亦称"西村"(West Village)。——译者

求，已经遏制了独立开发，使得经济实惠型的、小规模的开发变得更加困难了。[9] 现行系统阻碍了个体开发商，而他们本来或许是能够在自己的社区内获得像丹·坎普在斯塔克维尔一样的成就的。

"基础设施已经变得非常昂贵。"杜安尼说，比如时下的电气规程，在这样一套规程之下，要想装修一套旧公寓，不拆除旧电线，不以高昂代价安装一个新系统，根本不可能。"现在，人们会说，这些规则对于保护健康和安全来说是必要的，但我们要进行实证研究，以表明情况并非如此。"他说，"我们大多数接受旧的电气规范的人，活得都很好。"[10]

小规模开发也一直受到城市政府和经济发展机构寻求大型项目这个倾向的阻碍，这些大型项目由开发商们（常常来自城镇外或州外）精心策划，他们有途径获得数千万或数亿美元。财力雄厚的开发商常常是唯一能够容忍繁冗复杂、进展缓慢的政府流程的人，但大型开发商建造的项目无法提供像坎普这样的当地人能带来的邻里多样性和人性尺度。"我认为，"菲利普·贝斯说，"好的场所不是由外来者创造的。"

精简城市主义者想要培养独立的、本地的开发商，催生更多可以增强地方感的小型项目。这就要求重新思考当前的规则和程序。

全美各地有许多渴望建立更好社区的人，一些人已经定居在小城市，那里的开发管制，往往不如庞大的大都市里那么令人生畏。小城市的成本也比较低。如果精简城市主义者们的主张是对的，那么丹·坎普所走的路径，可能是创建新一代独特的适合步行的邻里的途径。

坎普有一句经常挂在嘴边的抱怨话，当他觉得好像身处荒野无人理解时就会说："我们正在做的事，没人懂怎么做。"让人们知道坎普的故事是重要的。人们需要了解，在这个国家最贫困的州之一，斯塔克维尔一个萧条的老旧邻里，是如何一点点变成一个让人惊叹的地方的。

结论：
朝向人性尺度的社区

前几章中，我们察看了六个适合步行的社区，分析了是什么因素让它们成为令人满意的生活之地。这些例子可以帮助你领会改善自己社区的方法。根据我自己的体验，并依据对全国的邻里、城镇和城市的观察，我已确信无疑，总的说来，以步行尺度组织起来的地方是最健康、最值得生活和工作的地方。

近几十年来，那些地处老城市、老城镇中的邻里正在变得越来越宜居，其中很重要的一个原因是，有一群社区居民，他们决心要在自己的社区里做点事，为社区做点事。费城中心城区的复兴，很大程度上就要归功于许多邻里自始至终都洋溢着的亲密气氛。狭窄、慢行的街道，绵长的联排房屋顶着人行道，这些都有助于居民相知相识，反过来又有助于他们为了共同的利益而合作。在诸如咖啡馆、街角酒馆、公园和广场等地方闲逛，即使这些地方经历多年衰败，已破烂不堪，但仍然给人们提供了聚集和集会的场所。随着时间推移，邻里精神蓬勃发展，催生了一个新的现实，即犯罪减少、新的商店和便利设施层出不穷，更多、更

　　费城的东帕塞克大道上设置了公共座椅，让老年人及各个年龄段的人有了休息的机会。走路的人需要不时地坐下来休息。背景中的壁画由贾里德·维德修复，壁画题为"献身的病理学"。（菲利普·兰登 摄）

好的住房不断出现。

　　在全美许多地方，社区改善行动得到了当地文化、当地根深蒂固的风俗和态度的重要推动。地方文化在俄勒冈州波特兰市的故事中毋庸置疑占据着重要的地位。20世纪70年代初，波特兰还根本算不上是一座多有名望的城市，那时，它才刚开始其连续的改善行动进程。但从历史角度来看，波特兰还是有一些特别之处的。波特兰州立大学城市研究与规划教授卡尔·阿博特指向了波特兰作为一个"道德共同体"（moralistic community）的历史，在这样一个共同体中，人们长期聚焦于——超越了个人利益至上主义——追求公共利益。新英格兰人在俄勒冈州威拉米特河谷设立定居点时期就有了这种道德性的倾向，这种倾向由此成了深深植入该区域的一种特征。这种特征令人难忘的表现是，1973年，州长汤姆·麦考尔针对"山艾灌丛的细分开发、沿海公寓的建设狂热、郊区贪婪的胡作非为"等的反对警告。这样一种道德主义于20世纪60—70年代处于高潮之中，结果之一就是全州范围内建立起一个规划体系，用麦考尔的话说，其目标在于让俄勒冈州成为"全国的环境榜样"。[1]

　　佛蒙特州的布拉特尔伯勒和波特兰有一些精神上的相似之处。上溯至19世纪，布拉特尔伯勒的文化就表现出一种引人注目的社会意识。通过"水疗"这样一项服务，大大激发了当地人"对陌生人的殷勤好客，对多样性的极大兴趣"，比如布拉特尔伯勒的水疗设施，就是利用当地一处泉水，医治外来访客的疾病。[2]对持相异观点的陌生人的接纳，对追求个人与社会理想的意愿，在20世纪60—70年代再次变得引人注目，也就在这个时候，在该地区形成了社群，像"布拉特尔伯勒食品合作社"这样的组织成立了。

　　芝加哥"小村庄"的居民们，同样也有一个他们可以从中汲取力量的文化：墨西哥族裔的抗议传统，20 世纪 60、70 年代塞萨尔·查韦斯在美国组织农场劳动者抗议的活动，就是这一传统最好的表达。联合起来、反对不平等的"墨西哥式实践"，激励了"小村庄"的 15 名妇女，她们于 2001 年发起了一场绝食抗议，就是这场抗议活动，给她们的社区带来了一所迫切需要的高中。该社区的抗议与组织的文化，还带来了新的拉维利塔公园、社区花园、几十个街区俱乐部和西第三十一街的公共汽车线路。一种强有力的公民行动主义禀赋深深融入了当地的社区文化中。

　　社区复兴似乎以一种有机的方式进行着。人们首先为了一个目的，例如为了获得更健康的食物，联合在一起。他们的努力、乐观和些微成功，最终会引导他们去关注更多的问题和挑战。在布拉特尔伯勒，一项扩建议程是公开进行的，即合作社是否应该将新店建在城镇中心的讨论。如果建在城镇中心，那么即便没有汽车，人们也可以很方便地到达。讨论还包括，是否要在新店顶部建造价格合理的公寓等问题。集体行动，一旦产生了效果，就会变成一种社区习惯，并在地方性格中根深蒂固下来。

　　在《富足社区》（*The Abundant Community*）一书中，约翰·麦克奈特（John McKnight）和彼得·布洛克（Peter Block）指出，对社区改善来说，核心是一个因某一种共同兴趣而聚集起来的小群体。他们相互交往的最初原因，可能是讨论小说的阅读体验、一起看狗嬉戏，或者其他什么活动。人们因某种共同的兴趣爱好走到一起，跟随心中的热情而行动，这恰恰也是社区行动的基础。"我们的社区本来就拥有未来所需的丰富的资源。"麦克奈特和布洛克写道，"关键是家庭和邻里的觉醒，对所需资源的觉醒。"[3]

邻里如何行动

一个令人满意的、负有社会责任的社区，是要慢慢培养、逐渐成熟的。史蒂文·里德·约翰逊是波特兰的社区活动者，周密地研究了他的城市邻里的动态。[4] 他发现，自20世纪70年代初以来，波特兰居民在城市改善方面已经变得越来越有成效，"事实上，波特兰人通过实践学会了一点，即积极的公民责任感会带来回报。"[5] 一旦邻里各团体接受一些小的挑战并取得成功，"官员们马上就会注意到。"波特兰复兴的最早期，1974年，城市建立了一个"邻里参与办公室"来帮助邻里组织，和城市政府合作。该办公室目前与95个邻里协会建立了合作。

在费城和纽黑文这样的城市里，城市政府和邻里组织之间的合作体系虽然还不够广泛，但已经形成。费城正式承认"注册社区组织"(registered community organizations，RCOs)。每当一个当地的区划变动或特殊要求被提出来，或者某一项要求城市设计审查的开发项目被提出时，当地的RCO都会得到规划委员会的通知。然后，RCO就会召开一次公开会议，这个会议召开的时间在区划官员审理此规划之前，且在这个公开会议上，规划的申请人必须出席。在纽黑文，有举办邻里会议的社区管理团队；在东岩，每月一次的会议给了居民们一个机会，使他们得以与警区的负责人讨论公共安全方面的关切，也可以与开发商商量正在提案中的房地产项目，颇有成效。尽管费城或纽黑文的项目都不如波特兰的系统那样影响深远，但这些项目还是很有信息量的，帮助邻里获得了他们想要的一些东西。

波特兰的邻里参与办公室（Office of Neighborhood Involvement）现在的工作很可能不如早年那样富有效率，但波特兰的创举并非仅此一项。一段时间以来，波特兰市面向公众开办交通规划和土地使用规划培训班，帮助居民们理解他们想施加影响的体系是如何运作的。"公民技能，"在约翰逊看来，"市民要想在事务参与中有效率，它就是必需的。"在波特兰市，一系列培训班培养了公民技能，提高了市民辩论水平，促进了公众参与。这个培训班教育了成千上万的人。这类的教育努力——一般来说，政府鼓励以社区为基础的活动——可以让市民在政府事务中拥有更大的发言权，从而使许多城镇受益。用麦克奈特和布洛克的话来说："我们共同成为美好未来的缔造者。"

有一个已存在数年的情况，就是邻里协会不得不与其他以市民为基础的组织分享市民舞台，而各种市民团体和倡议团体的激增，使得邻里协会的前景变得很复杂。邻里协会现在不得不为了获得志愿者和支持而与各团体展开竞争，而这些团体大多服务于个人的关注，比如环境、学校、种族差异等等。

约翰逊认为，邻里协会应当避免过分集中于房屋所有者的关切，比如保持房产价值之类。"房屋所有者的价值"有可能会妨碍谋求整个社区的福祉，其中包括租户和邻里以外的人。在理想情况下，一个邻里协会应该去服务于更大层面上的利益，即便这种更大层面上的利益有时会妨碍个体狭隘的自身利益。

对市民行动主义的另一个影响是，许多人，尤其是千禧一代，对传统渠道已经不耐烦了。在一个社交媒体盛行、即时及全天候通信的时代，人们渴望的是即时的、马上的行动。这种对快速反应的渴望，也解释了为什么 SeeClickFix 的当红，SeeClickFix 是一款在纽黑文发展起来的网络工具，遇到非紧急的社区事务时，人们可以通过这种线上报告的方式，将问题报告给当地政府机构。

加快步伐

　　邻里一方需要提出更加具有自发性的工作方法。关于这一点，有两个范例，一是波特兰的城市修复工程（City Repair Project），二是策略城市主义（Tactical Urbanism）。策略城市主义是一种社区改善战略，它强调短期的、低成本的干预和政策，人们希望的是，这些短期的、低成本的策略，最终导向的是长期的结果。

　　城市修复工程于 1996 年在波特兰东南部的塞尔伍德（Sellwood）启动。当时马克·莱克曼和邻居们决定把一个普通的十字路口转变成一个适合社交的、吸引人的社区空间。某个周末，他们在街道铺装上彩绘了一幅巨大的、引人注目的图案，波特兰交通局的官员们为此震怒，他们认为街道是交通局管辖的范围，而不是街坊邻居可以随心所欲做什么改变的东西。莱克曼说，在那个十字路口，他们还建造了各种各样的构筑物，"一条长凳，一间图书馆，一座 24 小时茶亭，一家儿童游戏馆，一个共享邻里信息的报亭"，从而将一处交通设施转变成了"一个互动性的社交空间"，他们将这一处突然之间吸引力倍增的交叉路口称为"共享广场"（Share-It-Square）。按照莱克曼的说法，"一开始，每个人都告诉我们，我们触犯了法律，但是一旦他们亲眼看到了我们的成果，他们就想着怎么复制这个做法。"[6]

街道上的彩绘有利于将交通速度降下来，增强邻里的参与感，而且还可能减少了犯罪。市长薇拉·卡茨很满意这个效果，所以城市官员很快批准，在整个波特兰市推行这种做法。此后，大约 50 个十字路口被粉刷绘画，而城市修复工程则演变成一家非营利公司，其营运预算由捐赠和拨款来支付。艾丽丝·纳尔逊和提姆·舒克在一份关于该组织的研究中写道："城市修复工程让各邻里意识到他们具备依靠自己创造场所的内在力量。"[7] "城市修复工程"志愿者组织活动，教导公众，为什么社区空间是重要的，并传授建立共识的方法。当公众能够参与决策时，人们就变得不那么害怕那些受到提倡的改变，一项决策就能赢得更广泛的接受。

策略城市主义，遍及全美社区的一项草根运动，有其相似之处：人们希望通过花费不多的方法，使得公共空间更加吸引人，也更加舒适。"大型项目不会解决我们面临的问题，针对我们在建设和改造城市过程中遇到的挑战，我们需要找到一个通盘的方案。"迈阿密的安东尼·加西亚坚持自己的这一主张，与布鲁克林的迈克·莱登合作，经营起一家叫作"街道规划协作"的公司，推广策略城市主义。按照他们的观点："小型的、短期的、易于实施的项目，对一座城市的文化可以产生的强大影响力，可能不亚于大型项目。"[8] 加西亚和莱登帮助市民们组织起来，共同协作，随着当地人参与进来，公共、私人机构以及非营利组织的加入，社会资本也增加了。

策略城市主义的行动，有的是官方授权的，有的则不是。以下是策略城市主义做过的一些事情：

- 在人行横道消失或看不清的地方彩绘人行横道；
- 在常规禁止停车的路边设立临时停车位，实施"路内停车"，既减慢了快速交通，又表明该路段需要安静，使得邻里更加宜居；
- 将街道上的停车位改造成一处"快闪"绿色景观或座位区，保持一天；
- 在街道上临时性地刷出一条自行车道，向市民和政府官员探询可能性；
- 在路面上临时性地安装景观绿化，测试该区域转化为公共广场的可能性。

一些策略城市主义的做法已经被城市政府、非营利组织及其他组织采用。例如，珍妮特·萨迪克－汗担任纽约市交通专员的时候，曾对时代广场部分街道空间临时性地禁止机动车辆通行，并在马路路面上安置椅子。如果下一步的情况明显化，即人们喜欢坐在那里，而车辆交通也没有陷入停顿，那么城市管理部门就采取下一步行动，设置一个永久性的公共广场。而在另一边，波特兰已许可食品卡车沿停车场边缘半永久性地聚集，营造出一个价钱不贵的户外用餐区，而且也使原本沉闷的地方变得活跃起来。

一些市民干预措施，例如座椅投放（用运输货盘为原料制作椅子，并把它们安置在有公共座位需求的地方，如公交站点附近）可能算不上策略城市主义，因为这种做法的目标不是长远的变革，但这些举措使得公共环境变得更加令人愉快，也让人们更多思考公众的舒适需求。

　　"座椅投放"行动，即用运输货盘为原料制造座椅，将它们放置在有需求的公共空间中，人们用这种手段增强城市环境的受欢迎度。座椅制作的点子来源于"策略城市主义工作坊"，该工作坊由新城市主义大会（Congress for New Urbanism）的新英格兰分会（New England Chapter）于波士顿组织举办。（菲利普·兰登摄）

改革地方法规

除了策略城市主义，政府还可以采用其他行动方法，使得一个社区更适合步行、更令人愉快、经济上更可负担。好的区划法规，比如新城市主义者们引入的基于形态的法规，可以提升一个开发或再开发地区的物质特性。

2013 年，受到丹·坎普在棉花区的成就的鼓舞，密西西比州斯塔克维尔市实施了"精明法规"（SmartCode）的量身定制版，一个以形态为基础的法规，最初由迈阿密的建筑与规划公司"杜安尼·普拉特 – 齐伯克公司"提出设想。两年不到，开发商就开始致力于在斯塔克维尔市中心和密西西比州立大学之间的两条走廊上建设密集的、多用途的项目。

"精明法规"的核心是这样一些理念：城镇和城市应该建设成为一系列适合步行的邻里，包含居住、办公和零售等混合用途；公共空间应该产生更多的围合感；交通系统应该为步行者提供更好更多的选择。制定斯塔克维尔市法规的咨询团队"场所营造者"（PlaceMakers），认识到棉花区一系列工作的价值，从而就将这些经验引介到该市的其他地方。与传统的区划法规不同，以形态为基础的法规会具体规定建筑物的形态和位置，确保建筑物能有助于街道、人行道和其他公共空间活跃起来。以形态为基础的法规对地域感的需求予以认可。

这些原则也能以一种更加零散的方式加以应用。在费城的某些地方，修订后的法规禁止某些建筑物前面设置车库，比如联排别墅，它们的车库往往会占据街道、人行道。若要说剥夺行人的生动体验感，没有什么

费城中心城区的斯古吉尔河畔小道，不仅用于跑步、骑自行车和散步，也用于上下班通勤，这位穿着医疗制服的女士很可能就来自斯古吉尔河西侧的一家医院。（菲利普·兰登摄）

东西比一排光板式的、毫无表情的车库门更过分的了。

数十年来，市政当局要求新项目开发必须包含大量街边停车位，这种做法对小汽车有利，但对步行者的环境有害。如今，人们越来越频繁地骑自行车、步行、乘坐公共交通工具，很多人甚至选择不再买私家车，随着这些情况的发生，市政标准也应该随之修订，以加强这些趋势，并创造一个更好的城市景观。

许多美国人会抵触压缩空间的密集生活，除非这种对户外空间的压缩，通过增加公园、小径和自然区的可达性来抵消。费城的做法值得效仿，一些城市也确实这么做了。创建类似斯古吉尔河畔小道这样的特色设施，吸引人们前来行走、慢跑、骑自行车，同时，这条城市主要水道的河畔小径，也是人们工作往返的通勤道路。附近医院里的工作人员走去上班，人们前往钓鱼，走往篮球场、垒球场，大家分享使用这条小道。小径的大多数路段是在地面上的，有些地方土地不够，小径就悬空在水面上，距离河岸大约 50 英尺，这段悬空的、用木板铺成的小道大约有 2 000 英尺长。这段木板路挑出河岸的距离足够远，建筑评论员茵嘉·萨弗容观察到，"让你真的感觉自己是在水面上走，但又没有远到干扰水上船只的航行。"[9] 为了城市生活方式、身体健康和自然环境的健康平衡，社区太需要这种类型的便利设施了。

为人设计街道

1981 年，唐纳德·阿普利亚德（Donald Appleyard）写了《宜居街道》

快速行驶的车辆仍然是致命的危险，对散养鸡来说如此，对人亦是。如果我们常常以步行的方式出行，那么整个交通必须文明化。（迪鲁·A.沙达尼绘制）

（*Livable Streets*）一书，书中展示了不同类型的街道、不同的交通强度对人们生活的影响。[10] 从那时起，社区在理解街道的设计和角色方面取得了很大进步。"完整街道"（Complete Streets）的运动随后兴起，人们要求街道要考虑到全部人群的需求——步行者、骑行者、使用公共交通的人、轮椅使用者、儿童以及老年人——而不仅仅是驾驶者。"完整街道运动最早是由自行车倡导者们发起的，后来很快被公共卫生部门的工作人员、老年人问题活动家、精明增长的支持者、公共交通机构、残疾人权利倡议者，乃至房地产经纪人所接受和深化。""全国完整街道同盟"（National Complete Streets Coalition）的共同创始人芭芭拉·麦肯这样总结。[11] 值得一提的是，完整街道运动的原则被广泛接受，自行车骑行者们从中受益良多。

我大部分的事情都是骑自行车来回完成的，我还骑车参加过像"纽约五行政区自行车之旅"（New York Five Boro Bike Tour）① 这样的活动，所以我很了解骑行者可能遇到的各种情况。对我而言，骑自行车是所有交通方式中最神清气爽的一种。作为一名城市爱好者，当自行车团体倡议拓宽街道以增设自行车专用道的时候，我是心存疑虑的。狭窄的街道，成排的建筑物紧密地相对，给予公共空间一种围合感。宽阔的街道则可能侵蚀"户外空间"，减少街道的魅力，而且会给行人增加额外负担，过马路时穿过的路面太宽了。

---

① 纽约市的一项年度休闲骑行活动，每年 5 月的第一个星期日举办，全程 40 英里（合 64 公里）。骑行路线经过纽约所有 5 个行政区，跨越 5 座主要桥梁。整个路线包括平常禁止骑自行车的桥梁和高速公路，活动举办时，这些路段禁止汽车通行。——译者

费城中心邻里地区的狭窄街道功能良好，因为狭窄，所以就诱导汽车驾驶员们缓慢行驶。当交通速度降到每小时 20 英里或以下时，自行车和机动车就可以共存。当然，情况也因人而异，在我这样一个长期骑行的人看来是舒服的一条街道，对于骑车的儿童和女性来说，或者那些初学骑自行车的人，可能就不舒服了。[12] 所以，有必要强调一句，那些专门设立的自行车道，特别是在一条很宽的街道上的自行车道，或者街道上的交通速度快，或者路上有很多卡车行驶，那么自行车道和机动车道就得分离。

波特兰市交通局在大范围内检验了自行车车道理念的应用。20 世纪 80 年代以来，波特兰市一直在调整城市部分地区的街道网络，使之更适于骑行。目前，这座城市已有总长超过 70 英里的住宅区街道，这些街道的设计，更偏重于服务自行车，而非机动车，这些街道也被称为"邻里绿道"（neighborhood greenways）。"邻里绿道"也很适合步行。这一类街道以"自行车林荫大道"出名，实际上，小汽车也可以在上面通行，但设计时，日通过量不超过 2 000 辆机动车，目标则是 1 000 辆。[13]

大多数情况下，一条"邻里绿道"有两条行车道，行车道由机动车和自行车共用，两条停车道。每条行车道都有一个共用车道标记，称为"共享箭头"，一般由一辆自行车的图案轮廓和两个指向前方的宽箭头组成。为了阻止机动车驾驶者将"邻里绿道"用作捷径，这些街道上通常会安装减速带，减速带足够柔和，骑行者也可以忍受。分流调节器，即一种障碍物，比如混凝土花槽，中间有间隔，仅容自行车通过，这样就能在一些点位上进一步限制机动车的出入。在"邻里绿道"交叉穿过一条繁忙主干道的地方，路面上就会涂绘条纹，设置中间岛，并竖立标志。

在一些交通繁忙的十字路口，特别是有大量行人或骑行者的地方，或者发生过汽车擦碰事故的地方，都安装了一个快速闪烁的灯标。揿下按钮，灯标会闪烁黄色信号。据查，这个装置可减少高达40%的交通流量。波特兰市还通过在自行车道穿过的一些交叉路口的地面上涂绘立体绿色条块的方式，进一步保护骑行者的安全。这个绿色条块提醒机动车驾驶者，这里可能会有骑行者经过。

在波特兰珍珠区西北马歇尔街的某个街区，创建了一条单行街道，这是一条"反向车流"车道，允许骑行者能以与机动车行驶相反的方向骑行。停车位朝街道中央迁移，这样，骑行者和机动车行驶道之间就出现了一排停泊的小汽车。这样那样的技术性操作，使得波特兰市成为美国人口超过20万的城市中，首屈一指的自行车通勤社区。2014年，波特兰全市通勤者中的7.2%使用自行车，2004年时，这一数字仅2.8%。自行车骑行的增长使得该地区2005—2015年间的人均车辆行驶里程数减少了12%。[14]

亚利桑那大学规划教授阿瑟·C.尼尔森 和四位同事记录了整个美国在步行、骑自行车去处理琐事或上班来回方面的令人吃惊的人数增长。1995年，居住地距离工作地1英里范围内的美国人走路或骑自行车去上班的比例是25%，2009年，这一数字跃升至37%。1995年，居住地离某处目的地，如餐馆或商店等，在1英里范围内的，人们走路或骑自行车去往这个目的地的比例是26%，2009年，这一比例是42%。[15]尼尔森相信，想住在步行尺度社区的美国人数量还将保持增长。

"我估计，不到5%的家庭，其居住地距离工作地在1英里范围内，不过，可能10%的家庭，居住地到其处理某件琐事的目的地在1英里范围内。"尼尔森告诉我，"有没有可能我们找到一种方法来规划和设计社区，使得 1/3 甚至更多的人能住在距离工作地 1 英里的范围内，并且从居住地或工作地出门办点事时，其目的地也在 1 英里范围内？单单做到这一点，就能使美国在很大程度上履行《京都议定书》a（*Kyoto Protocol*）"，即 1997 年的国际协定，该协定旨在降低破坏气候的温室气体浓度。

住房成本高的难题

步行社区面临的最大挑战是，相对于不断增长的需求，发展良好、步行尺度、混合用途的邻里的数量远远不够。数百万人想要生活在这样的邻里中，这些人中，真正行动起来的，能够选择的区域，在美国全境来讲，只是很小的一部分地区。他们的本意可能并非如此，但事实上，他们的选择，推高了那些风景美丽、位置优越的地区的价格，有些价格的上涨是非常急剧的。

如果价格只是小幅上涨，那还没有关系。居民省下了交通成本，就能够在住房方面负担起更高的费用，在步行社区中，如果要去办事的目的地可以通过步行、骑自行车或公共交通到达，这一点就成立。这就是为什么近年来，诸如"邻里技术中心"（Center for Neighborhood Technology）这样的团体倡导"有效区位抵押贷款"（location-efficient

---

① 全称《联合国气候变化框架公约的京都议定书》，是《联合国气候变化框架公约》（*United Nations Framework Convention on Climate Change*，*UNFCCC*）的补充条款。——译者

mortgages），这个条款允许那些在交通连接良好的社区中购房的人，能申请到数额更大的住房贷款。[16]

当然，住房价格上涨很可能造成问题，至少对步行邻里中的一些低收入群体，尤其是租户来说，会有困难。费城西南中心城区是以精微的方式进行这一议题调查研究的一个好标本。那些新来的、更加富裕的居民的涌入，确实给西南中心城带来了许多好处。新来的居民尝试与那些经济面临困难的邻居们互助合作，有的是通过单独、个人之间的帮助，比如给予一些礼物，帮忙付一些账单，指导通过大学录取程序，等等，也有的是通过改善公立学校、交通安全、街道卫生和公共服务这样的方式。类似种种行动，惠及大家，包括最贫困的居民。

通过"切斯特·亚瑟之友"这样的组织，新居民们，主要是中产阶级和中高收入人群，升级了学校的课程计划、服务和设施，原本这些学校大多是低收入家庭学生和非洲裔学生就读的。一些新居民已经在那些学校为自己的孩子登记入学，这减轻了学校在种族和收入方面的隔离程度。另一方面，许多低收入居民负担不起上涨的租金，不得不离开该邻里，西南中心城市的一些低收入非洲裔美国居民对此类变化很不满。

2015 年，费城联邦储备银行（Federal Reserve Bank）发布了一项详尽的研究，是关于费城 2002 年至 2014 年间的复兴效果，用批评者的话来说，绅士化效果。该研究的作者丁雷（Lei Ding，音译）、黄杰琳（Jackelyn Hwang，音译）和艾琳·迪夫林吉发现，总体来说，搬离绅士化邻里的人们，状况实际上变得比以前稍微好一点，伴随着绅士化而到来的变化并没有伤害到他们。[17]（财务状况是通过人们的信用评分来衡量的。）

《城市瞭望台》的一位评论员丹尼尔·赫兹将费城研究的两个主要

发现总结如下：首先，邻里绅士化的过程中，"在某一给定的年份内，现有居民可能搬出的人数，仅比非绅士化邻里中有意愿搬出的人数，高出 0.4%。"其次，"即使是在那些租金和收入都有极快增长的邻里，现有居民中，也仅有 3.6% 的居民可能搬迁。"[18]

在更富裕的居民替代进来之前，那些正在绅士化的邻里中生活的居民选择继续留在那里，或许部分原因是新投资和基础设施的改善使得该社区比以往更具吸引力了，而且现有居民中很多人的经济状况已有所改善。大多数情况下，那些搬出去的人并没有搬去更加贫穷的地方。

然而还有一个负面趋势，那些搬离人群中最贫穷的那一部分人，结局往往是搬到低收入邻里，那里通常问题更大，诸如犯罪现象，失业率较高，学校表现较差，等等。

分析邻里复兴的趋势，常常是看这一过程对贫困人口的影响如何，特别是那些被迫迁出的人的影响。这一点当然值得关注。然而，对于成本问题另一个方面的关注还太少。为了让那些并不是很富有的人迁入，所做的努力是否足够，这还是个问题，

赫兹在分析了关于费城的研究及其他绅士化研究之后，提出了如下想法：

> 问题并不在于既有的居民因为租金上涨而被迫离开，而更可能是潜在的搬入者在搬进来之前就吓跑了。那些正在变得越来越富有和早就富庶的社区邻里，挑战之处是要确保充足的可负担住房的存量，其中既要有补贴住房，也要有按照市场价格定价的"自然存在"住房，以安置那些千方百计想要搬进来的人。

最佳方式是确保没有整体上的住房短缺，并确保各种住房类型都存在，从独户家庭住房到各种大小的公寓，还有对那些补贴住房的开发商和持租屋券的租户保持友好的态度。[19]

赫兹的观点极其重要，因为直到 2030 年，还可能在那之后，对步行社区的需求有可能会极大。根据尼尔森及其同事的调查，"约有一半美国人想要生活在混合用途的、适宜步行的社区里面。"对联排别墅和其他紧凑形态住房的需求将会突飞猛涨。[20]

见多识广的开发商、建筑师和规划人员已经就如何应对日益增长的需求及其对成本的影响有了对策。以费城中心城区为基地的规划顾问詹妮弗·赫莉就不同区位提出了一系列行动建议，包括：[21]

- 保留已有的可负担住房。
- 降低生产成本。
- 增加住房类型。
- 保护一部分住房免受市场压力。
- 提供补贴。
- 降低通勤成本。
- 取消或降低最小地块规模要求。
- 取消或减少停车需求。
- 使政府的许可变得可预测。
- 提升地区标准，获得更高的建筑密度许可。

加利福尼亚伯克利的"光学设计"事务所的建筑师丹尼尔·帕洛克认为，对步行城市生活的需求，可以通过生产更多他称之为"缺失的中密度"类型住房的方式，提供部分满足。这种住房的密度，比一幅 1/4 英亩地块上一套独户住房当然要高，但是比公寓塔楼或者多层公寓楼则要低。帕洛克倡导的中密度住宅类型包括双拼住宅、三拼住宅、四拼住宅、庭院公寓、平房庭院、联排别墅、综合楼以及生活 / 工作单元。这些住房类型可以令人满意地融入许多邻里地区。[22] 城市停车场地可以为帕洛克倡议的住房类型提供很适合的地皮。在帕洛克的紧凑型房屋清单中，赫利又增加了三种：附属住宅单元（accessory dwelling units，在一套较大的住宅内隔离出来的小单元）、超小单元和小巷房屋。地方政府应与邻里团体和开发商合作，确保这些类型的住房不再缺位。

在那些因需求强劲而导致预期价格迅速上涨的邻里中，可以做的一项探索是，成立一家非营利性的社区土地信托机构。土地信托机构取得地皮，开发，并保留这块地皮的所有权。房子建好以后，卖给想要住在那里的人，但信托机构与购房者之间要签订一份协议，今后购房者一旦卖房，所得利润的一部分得归信托机构。这一部分转移的利润，可以使得土地信托机构能够保证房子的价格低于市场正常水平。

另一种理念是，在那些已有一定步行特征基础但正日趋衰败的邻里，采取一定措施来加以改善。大多数城市和城镇里，都有这样的邻里，如果这些邻里中，能有更多居民生活其中，有更多商店、餐馆，有更便捷的交通以及其他便利设施，那么邻里就会更具活力和吸引力。如果这些居住需求比较低的邻里能够发展起来，有助于减轻那些居住需求高企而导致各种价格上涨过快的地区的压力。城市复兴应当分散到整个城镇或城市的更大范围内，而不仅仅是集中在几个地点而已。

一些邻里的现有居民，可能会反对集约化发展，他们甚至可能反对有价值的便利设施，比如新的轨道交通线路，只要他们认定这些新发展会推高住房成本，他们就会反对。但是，如果当地居民、居民组织在开发过程中能参与进来，有一定发言权，那么这些反对意见的声音就会弱化。这样的事，在马萨诸塞州萨默维尔市（Somerville）已经发生过。萨默维尔市位于波士顿北面，是一座 78 000 人的城市，大部分居民是工人阶层。马萨诸塞州海湾运输管理局想要将其"绿线"铁路服务延伸至一个还没有铁路的地区内。

人们预期"绿线"的延伸会振兴城市的部分地区，但也有担忧表示，此举可能使得住房变得太贵。为了应对这个问题，2015 年，在市长约瑟夫·库尔塔托内主持下，该市邀请了"美国精明增长"联盟的一家房地产开发计划公司"卢卡斯"加入，与当地官员和居民一起，为联合广场邻里能平衡、有利地开发制订一项战略。

"卢卡斯"公司倡导并研究混合收入、适合步行的城市社区，公司与代表萨默维尔市社会各阶层的一个有着 25 名成员的地方委员会组队协作，一起致力于与联合广场项目的主要开发商们谈判，达成"公益协议"。开发商的房地产项目得到批准，作为回报，他们得向快速交通线路付费，并承担社区计划要做的一系列其他事情。截至 2016 年，地方委员会确定了社区优先考虑事项中的若干项，包括预防居民迁出、可负担住房、就业和劳动力发展、开放空间、对小企业的支持等等。[23]

"卢卡斯公司确实参与了社区交流，"萨默维尔市规划负责人乔治·普拉基斯说，居民们回答了许多提问，比如，"你们想要一座图书馆吗？你们想要一所社区中心吗？"

　　自 1990 年以来，萨默维尔市要求所有规模较大的新住房开发项目，至少预留其单元数量的 1/8，开发成低收入群体也能负担的住房，在联合广场项目中，这一比例高达 20%。协作的总体目标是确保"绿线"铁路服务能通达到这个地区，同时确保地区发展能让地区大多数人欣然接受，确保社会公平的目标也能实现。在强大的房地产市场中，这一协作的过程，有助于当地社区在交通、便利设施、居住和商业开发等各方面获得平衡，而且确保地区生活价格依然是可负担的。

　　关于邻里如何改变、改善、面对他们的问题，挖掘潜力，还有另外一种视角。这种视角来自麦克奈特和布洛克。他们俩去察看了印第安纳波利斯① (Indianapolis) 的一个邻里，这个邻里让人想起"小村庄"。正如"小村庄"里充斥着街头摊贩、小巷机械师、金属栅栏制作商、日间护理经营者以及其他以某种方式谋生的人，印第安纳波利斯的百老汇联合卫理公会教堂的工作人员也"在每个街角"都发现了一种企业家精神。

　　麦克奈特和布洛克发现，有各式各样的人，"在前门廊上做头发的，售卖自家厨房做出来的餐食的，卖糖果的，做缝纫的，修理小汽车的，照顾宠物和孩子的。"[24] 印第安纳波利斯的百老汇联合卫理公会教堂决定帮助这些人做生意，比如帮助邻里居民拓展刚刚起步的经营，与附近各邻里的人群建立联系，看看他们能否一起做点什么事情。

　　这些社区组织的范例，强调了一些值得牢记的事情：住房成本只是经济方程式的一个部分，另一个至少同样重要的部分是，人们怎样才能

---

① 美国印第安纳州首府。——译者

够改善生活状况，比如开发一项买卖、一份职业，或者一个经济角色，让这些人能够跟上无法避免的租金上涨。是否能帮助费城西南中心城区的极贫困人口在经济阶梯上站稳脚跟？如果能做到的话，那些面临流离失所风险的人，可能根本不用搬出去，他们可能拥有某些潜在资源，可以让他们留在一个呈现上升趋势的邻里中。

个体、教堂、邻里协会、富有的慈善家，还有各种各样的其他人，都能找到支持这个努力的动力。通过合作来开发人们的才能和资产，邻里才会成长得更具韧性。麦克奈特和布洛克认同这样一种观点："一个有能力的社区，会重视当地制造和当地销售，相比从外面进口更便宜的商品，他们更看重当地的商品和服务。"25 如果当地人互相支持，那么这个地方就可以大有作为。

最后一点，看似与本书前几章所探讨的街道与聚集场所、设计特点等等内容相去甚远，但事实上，是相互关联的。本书自始至终观察到的一个事实是，一个功能良好、适合步行的社区，将人与人联系起来，并让他们想起目标和意义之类的东西，而这些目标与意义，不一定让人的生活变得容易一些，但一定使得人的生活更丰富、更深刻。如果你住在一个适合步行的社区，你就会认识更多的人，也很可能会更了解他们。而如果你是住在一幅大地块上的一所大宅子里的话，你需要的几乎每一样东西，都在一段汽车行程之外。在一个适合步行的社区，你能更多地参与到户外、街区的人和活动的网络当中，在我看来，这才是人类应该有的生活方式。

注 释

引言

1. 听芬格尔解释她为什么专注于创建一个邻里公园，见"费城的'自由之地'公园"，来自 Us 影片的一段简短视频, Oct. 5, 2012, https://vimeo.com/50837214. 也见 Elisa Lala,"费城数量众多的口袋公园", PhillyVoice, Apr. 6, 2015, http://www.phillyvoice.com/phillys-plethora-pocket-parks/.

2. 我对费城大小的估计是基于 "Plan of the City of Philadelphia and Its Environs Shewing Its Improved Parts" by John Hills (Zebooker Collection, Athenaeum of Philadelphia, 1796), 来自 http://www.philageohistory.org/rdic-images/view-image.cfm/237-MP-019. 以每 1/4 英里耗时 5 分钟的速度（今天的步行速度经验法则），从萨瑟克（Southwark）的联邦大街（1796 年费城的南部边缘）到"北方自由"邻里的白杨街，要走 2.7 英里，耗时 54 分钟。因为 18 世纪的街道比今天的街道路面更粗糙，走起来也更慢，所以我增加了几分钟的时间，使得这趟行程稍微超过一个小时。美国人口普查公布，费城 1790 年的人口是 28 522 人，1800 年是 41 220 人，仅次于纽约。

3. Sam Bass Warner Jr., *The Private City: Philadelphia in Three Periods of Its Growth* (Philadelphia: University of Pennsylvania Press, 1968), p. 11.

4. Le Corbusier, *When the Cathedrals Were White* (New York: McGraw-Hill Paperback Edition, 1964), p.70. 这本书讲述了他 1935 年的美国之行，1947 年在英国首次以英语出版。更为人所知的是勒·柯布西埃的《光明城市》（*The Radiant City*），1935 年出版，是在全世界范围内影响了城市规划的一本书。

5. 对勒·柯布西耶坚持的功能用途严格分离的观点所进行的一个简洁而略带批判性的总结，见 Gili Merin，"AD Classics: Ville Radieuse/Le Corbusier," *Arch Daily Classics*, Aug.11,2013,http://www.archdaily.com/411878/ad-classics-ville-radieuse-le-corbusier/.

6. Peter Norton, *Fighting Traffic: The Dawn of the Motor Age in the American City* (Cambridge, MA: MIT Press, 2008), pp. 249–51.

7. 我的第一篇关于紧凑型开发趋势的重要文章是 "A Good Place to Live," 《大西洋月刊》1988 年 3 月的封面故事。

8. "Take Advantage of Compact Building Design: Highlands' Garden Village, Denver, Colorado," 美国环境保护署，最后更新于 2016 年 3 月 29 日， https://www.epa.gov/smartgrowth/take-advantage-compact-building-design-highlands-garden-village-denver-colorado.

第 1 章

1. 阿曼达·卡斯珀（Amanda Casper）在"联排住宅"中报道，该市第一批有记录的联排住宅组团是巴德街（Budd's Row），大约 1691 年建造了 10 座房屋，后来被拆毁；见《大费城百科全书》（*The Encyclopedia*

of Greater Philadelphia) (Camden,NJ: Rutgers University, 2013), http:// philadelphiaencyclopedia.org/archive/row–houses/.

2. Walter Licht, "Rise and Fall of City's Manufacturing Sector," *Philadelphia Inquirer*, Oct. 16, 2011.http://articles.philly.com/2011–10–16/news/30286372_1_ manufacturing–sector–products–goods.

3. H. G. (Buzz) Bissinger, *A Prayer for the City: The True Story of a Mayor and Five Heroes in a Race Against Time* (New York: Random House, 1997).

4. Paul R. Levy and Lauren M. Gilchrist, "Downtown Rebirth: Documenting the Live– Work Dynamic in 21st Century U.S. Cities," 2013, pp. 22, 23,27. 这份由费城中心城区为国际市中心协会 (InternationalDowntown Association) 编写的报告称，有 57 239 人住在费城的"市中心商业区"(commercial downtown)，加上半英里的相邻地区，总共达到 107 853 人。如果将邻近地区扩展到 1 英里，居住人口总数将增加到 170 467 人。

5. Central Philadelphia Development Corporation and Center City District, "Center City Reports: Pathways to Job Growth," Jan. 2014, p. 13.

6. Paul Levy, Center City District, e–mail correspondence, Nov. 3, 2016.

7. "The Success of Downtown Living: Expanding the Boundaries of Center City," *Center City Developments*, 费城中心城地区和中部开发公司的出版物 , Apr. 2002, pp. 4 – 5.

8. 见 Susan Warner, "The Developer King of Center City," *Philadelphia Inquirer*, Feb. 26, 1990, http://articles.philly.com/1990–02–26/business/25880613_1_office– building–developer–center–city; and Patrick Kerkstra, "How Paul Levy Created Center City," *Philadelphia Magazine*, Nov. 22,2013, http://www.phillymag.com/

articles/paul-levy-created-center-city/?all=1.

9. Paul Levy, "Diversifying Downtown from the Ground Up," *IEDC EconomicDevelopment Journal*, Spring 2013, p. 8.

10. Karen Heller, "Getting Homeless Back on Track with Apartments," *Philadelphia Inquirer*, Apr. 17, 2014, http://articles.philly.com/2014-04-17/news/49188473_1_ pathways-rate-sam-tsemberis.

11. Levy, "Diversifying Downtown," p. 9.

12. Inga Saffron, "Changing Skyline: Thriving Philadelphia Neighborhood Rises from High-Rise Rubble," *Philadelphia Inquirer*, Aug. 18, 2012,http://articles.philly. com/2012-08-18/news/33249381_1_hawthorne-empowerment-coalition-hope-vi- torti-gallas-partners.

13. Tower Investments corporate profile, accessed Oct. 3, 2016, http://www.towerdev.com/ about-tower.html.

14. Kim Bernardin, "Learning from the Piazza at Broad & Washington," *Hidden City Philadelphia*, Mar. 23, 2016, http://hiddencityphila.org/2016/03/learning-from-the- piazza-at-broad-washington/.

15. Bernardin, "Learning from the Piazza."

16. Sandy Smith, "The Piazza Gets New Name, Adds Co-Working to the Mix," *Philadelphia Magazine*, June 1, 2016, http://www.phillymag.com/ property/2016/06/01/schmidts-commons-adds-co-working-space/.

17. Danya Henninger, "The Spot: Standard Tap," *Philly.com*, Jan. 26, 2015,http:// www.philly.com/philly/blogs/food_department/The-Spot-Standard-Tap-Northern- Liberties.html.

18. Craig LaBan, "Talking 'the Avenue' with Lynn Rinaldi," *Philadelphia Inquirer*, Apr. 20, 2015, http://articles.philly.com/2015-04-20/news/61308084_1_paradiso-restaurant-arcade.

19. Tom Ferrick Jr., "City Blocks: How East Passyunk Ave. Got Hot," *Metropolis Philadelphia*, June 27, 2010, http://www.phlmetropolis.com/2010/06/post.php.

20. "Singing Fountain" review, Yelp, Aug. 9, 2014, http://www.yelp.com/biz/singing-fountain-philadelphia.

21. PARC 的前身组织，"更好的邻里市民联盟"(Citizens Alliance for Better Neighborhoods)，是腐败的州参议员文森特·富莫 (Vincent Fumo) 的一个工具，他被判处联邦监禁。尽管如此，费城的记者小汤姆·费里克（Tom Ferrick Jr.）认为，该联盟的振兴战略设计得很好，对邻里也有好处。见 Tom Ferrick Jr., "City Blocks: How East Passyunk Ave. Got Hot," *Metropolis Philadelphia*, June 27, 2010, http://www.phlmetropolis.com/2010/06/post.php.

22. Andrew Dalzell, in *Evergreens: A Neighborhood History* (Philadelphia: South of South Neighborhood Association, 2013), p. 37, 追溯到 1934 年的高速公路路线规划。曾有如何通过隆巴德街（Lombard Street）运行高速公路的讨论，但是到 1959 年的时候，南大街成为官方青睐的路线。

23. 达尔泽尔提供的这一信息和后来的信息主要来自 *Evergreens*, pp.39 - 40.

24. *State of Center City Philadelphia 2014* (Philadelphia: Center City District and Central Philadelphia Development Corp., 2014), p. 51.

25. Inga Saffron, "Changing Skyline: Bolstering School for the Neighborhood," *Philadelphia Inquirer*, July 6, 2013, http://articles.philly.com/2013-07-06/entertainment/40393929_1_friends-group-philadelphia-school-

district–ivy–olesh.

第 2 章

1. Ray Oldenburg, *The Great Good Place* (St. Paul, MN: Paragon House,1989), p. xi.

2. 纽黑文数据（DataHaven），一家位于纽黑文的非营利组织，列出东岩的人口为 9 072 人，并将该邻里的西部边界设在惠特尼大道。其他人和我一样，都认为，西部边界比较合乎逻辑的是望景街。纽黑文数据公司的马克·亚伯拉罕（Mark Abraham）评估了这个修正后的区域，减去东岩公园以东的雪松山（Cedar Hill）地区，大约有 9 100 名居民。

3. Michael Morand, "University Renews Yale Homebuyer Program for Another Two Years," *Yale News*, Dec. 7, 2015, http://news.yale.edu/2015/12/07/university-renews–yale–homebuyer–program–another–two–years.

4. 机动性数据由玛丽·布坎南提供，"Table: 2014 New Haven Neighborhood Estimates," DataHaven, Feb. 10, 2016, http://ctdatahaven.org/data–resources/table–2014–new–haven–neighborhood–estimates.

5. 与马克·亚伯拉罕的个人交流（Mark Abraham），DataHaven, Nov. 9, 2016.

6. Oldenburg, *The Great Good Place*, p. 284.

第 3 章

1. "萨姆的陆军和海军"（Sam's Army & Navy）百货商店的历史在下文中有讨论，"From Russia with Love: The Borofsky Legacy, from the Old Country to *Brattleboro*," in *The Commons Online*, Apr. 6, 2011, http://www.commonsnews.org/site/site05/story.php?articleno=2828&page=3#.Vxj–42NOrXU.

2.　"Artist's Statement," accessed Oct. 3, 2016, http://larrysimons.com/artist.html.

3.　《布拉特尔伯勒改革者日报》（*Brattleboro Reformer*）的退休主编诺曼·朗尼恩(Norman Runnion)说，19世纪的"水疗"（water-cure）机构首先给该地区的居民灌输了一种"对陌生人的好客和对他们的多样性感兴趣"的态度。他说，这种观点得到了布拉特尔伯勒疗养院的强化，布拉特尔伯勒疗养院确保了"布拉特尔伯勒逐渐习惯了有差异的人……"。见 Norman Runnion, "London, Paris, NewYork . . . Brattleboro," *Vermont Magazine*, Sept. – Oct. 1990, p. 44.

4.　Runnion, "London," p. 45.

5.　Stacy Mitchell, "Brattleboro Group Urges Residents to Support Local Merchants," *Independent Business* (Institute for Local Self-Reliance), Feb. 1,2004, http://ilsr.org/brattleboro-group-urges-residents-support-local-merchants/.

6.　John Curran, Associated Press, "Local Hardware Stores Outlast HomeDepot in One Vermont Town," *Pittsburgh Post-Gazette*, May 3, 2008,http://www.post-gazette.com/business/businessnews/2008/05/03/Local-hardware-stores-outlast-Home-Depot-in-one-Vermont-town/stories/200805030177. 246.

7.　Dave Eisenstadter, *Embattled Brattleboro: How a Vermont Town Endured a Year of Fire, Murder and Hurricane Irene* (East Middlebury, VT: Surry Cottage Books, 2012), p. 75. Much of my discussion of Brooks House is drawn from Eisenstadter's book and from communication with Robert Stevens.

8.　Susan Keese, "Brattleboro's Brooks House Prepares for Colleges' Arrival," Vermont Public Radio, July 3, 2014, http://digital.vpr.net/post/brattleboros-brooks-house-prepares-colleges-arrival#stream/0.

9. "Brattleboro, Vermont: Vermont Downtown Action Team Report," Vermont Department of Housing and Community Development, Aug. 1, 2014, pp. 43 - 45, http://accd.vermont.gov/sites/accdnew/files/documents/CPR-VDAT-Report-Brattleboro.pdf.

10. Maddi Shaw, "Brattleboro Group Hosts Forum on Pedestrian and Cyclist Safety," *Brattleboro Reformer*, May 4, 2016, http://www.reformer.com/latestnews/ci_29852012/brattleboro-group-hosts-forum-pedestrian-and-cyclist-safety.

11. "佛蒙特州城镇中心行动小组报告"(Vermont Downtown Action Team Report)发现 (p. 16)，在布拉特尔伯勒的基本贸易地区（primary trade area），家庭收入中位数为 40 973 美元，而佛蒙特州的家庭收入中位数为 53 422 美元，全美的家庭收入中位数为 52 762 美元。中级贸易地区（secondary trade area）由八个邮政编码地区组成，家庭收入中位数为 51 115 美元，更接近于州和全国的家庭收入中位数。

12. Howard Weiss-Tisman, "Brattleboro: Struggling to Keep Downtown Viable", *Brattleboro Reformer*, June 26, 2015, http://www.reformer.com/localnews/ci_28390541/brattleboro-struggling-keep-downtown-viable.

13. "Vermont Downtown Action Team Report," p. 21.

第 4 章

1. 关于小村庄头一百年历史的大部分信息来自于 Frank S. Magallon, *Chicago's Little Village: Lawndale-Crawford* (Mount Pleasant, SC: Arcadia, 2010).

2. Eric Klinenberg, *Heat Wave: A Social Autopsy of Disaster in Chicago* (Chicago: University of Chicago Press, 2002), p. 16.

3. Klinenberg, *Heat Wave*, p. 87.

4. Klinenberg, *Heat Wave*, p. 91.

5. 当地政治领袖耶稣·加西亚（Jesus Garcia）就"小村庄"死亡人数很小给出了另一种解释，墨西哥人有一个互相检查以确认他们都安然无恙的习惯。芝加哥历史学者多米尼克·帕西加 (Dominic Pacyga) 说，波希米亚人也有着几乎相同的做法。见 Dominic A. Pacyga, *Chicago: A Biography* (Chicago: University of Chicago Press, 2009), p. 390, 关于墨西哥人移民到芝加哥的简要讨论。"检查"的习俗是否超过了克林伯格的关于繁忙商业街和公共场所拯救人们生命的假设，对我来说尚不清楚。

6. Antonio Olivo, "Immigrant Family in U.S. Sees Better Life Back Home," *Chicago Tribune*, Jan. 6, 2013, http://www.chicagotribune.com/news/mexico-reverse-migration-20130106-story.html.

7. Edgar Leon, "Business of the Month: Azucar," Enlace Chicago e-newsletter,May 2012.

8. Kari Lydersen, "Chicago without Coal," *Chicago Reader*, Oct. 14, 2010,http://www.chicagoreader.com/chicago/chicago-coal-pollution-fisk-state-line-plants/Content?oid=2558655.

9. 9. Julie Wernau, "Closure of Chicago's Crawford, Fisk Electric Plants Ends Coal Era," *Chicago Tribune*, Aug. 30, 2012, http://articles.chicagotribune.com/2012-08-30/business/chi-closure-of-chicagos-crawford-fisk-electric-plants-ends-coal-era-20120830_1_fisk-and-crawford-midwest-generation-coal-plants.

10. Leonor Vivanco, "Long-Awaited Little Village Park to Open," *Chicago Tribune*, Dec. 11, 2014, http://www.chicagotribune.com/news/ct-little-village-park-talk-

1211-20141211-story.html.

11. "La Villita Park Opens at Former Celotex Site," US Environmental Protection Agency, Jan. 2015, https://www3.epa.gov/region5/cleanup/celotex/pdfs/celotex-fs-201501.pdf.

12. "Transit Victory," LVEJO website, accessed Oct. 4, 2016, http://lvejo.org/our-accomplishments/transit-victory/.

13. Robert J. Sampson, *Great American City: Chicago and the Enduring Neighborhood Effect* (Chicago: University of Chicago Press, 2012), pp.253, 259.

14. "二六部落"（The Two Sixes）创立于 1964 年，最初是一支棒球队，后来演变成一个帮派，其中一些成员卖毒品，此说法根据下面的网站：ChicagoGangs.org, accessed Oct. 4, 2016, http://chicagogangs.org/index.php?pr=TWO_SIX.

15. 见 James C. Howell and John P. Moore, "History of Street Gangs inthe United States," National Gang Center Bulletin, May 2010, pp. 5 - 9,https://www.nationalgangcenter.gov/content/documents/history-of-street-gangs.pdf. 一部里程碑式的作品，首次出版于 1927 年，至今仍在芝加哥大学出版社出版。这本书是社会学家弗雷德里克·米尔顿·特拉舍（Frederick Milton Thrasher）的《帮派：关于芝加哥 1 313 名帮派成员的研究》（*The Gang: A Study of 1 313 Gangs in Chicago*）.

16. 杰西·萨拉扎（Jesus Salazar）指责最初形成帮派的人是白人，杰西是"小村庄"一个反暴力组织"停火"（Ceasefire）组织的外联主管。由后院邻里委员会（Back of the Yards Neighborhood Council）主办的《门》报（*Gate News*）于 2014 年 7 月 3 日刊登的一则采访中，萨拉扎说："少数族裔搬进来之前，这里大多数是白人，当你走进或迁入他们的邻里时，他们基本上会对你采取暴力行动。"见 http://www.thegatenewspaper.com/2014/07/drogas-y-pandillas-en-la-villita-una-vista-desde-la-base/.Redistributed as "Drugs & Gangs in Little Village: View from the Ground," *SJNN* (Social Justice News Nexus), July 15, 2014, http://sjnnchicago.org/drugs-and-gangs-in-little-village-a-view-from-the-ground/.

17. "Border Mentality: 26th Street," *El Arco Press*, Oct. 31, 2013,http://www.chicagonow.com/el-arco-press/2013/10/border-mentality/.

18. "Border Mentality."

19. Maureen Kelleher, "Schools CEO Funds Safety at Little Village Lawndale," Local Initiatives Support Corporation, Chicago's New Communities Program, Mar. 13, 2009, http://www.newcommunities.org/news/articleDetail.asp?objectID=1389.

20. Mitchell Armentrout, "Paseo Trail to Connect Pilsen, Little Village Neighborhoods," *Chicago Sun-Times*, Mar. 20, 2016, http://chicago.suntimes.com/news/paseo-trail-to-connect-pilsen-little-village-neighborhoods/.

第 5 章

1. Philip Langdon, "How Portland Does It," *The Atlantic*, Nov. 1992, pp.134 - 41.

2. Jane Comerford, *A History of Northwest Portland: From the River to the Hills* (Portland, OR: Dragonfly-Press-PDX, 2011), pp. 78, 82. "科默福德（Comerford）报道说，珍珠区的名字出来后的几年，托马斯·奥古斯丁（Thomas Augustine）改变了说法。他说这个地区的名字是以一位来自埃塞俄比亚的世界旅行者的名字命名的。2014年9月21日,阿尔·索尔海姆写电子邮件给我说，

埃塞俄比亚人的故事是"不正确的"。

3. Jeremiah Chamberlin, "Inside Indie Bookstores: Powell's Books in Portland, Oregon," *Poets & Writers*, Mar. – Apr. 2010, http://www.pw.org/content/inside_indie_bookstores_powell_s_books_in_portland_oregon?article_page=2.

4. Nigel Jaquiss, "Homer's Odyssey," *Willamette Week*, July 29, 2003, http://www.wweek.com/portland/article–2307–homers–odyssey.html.

5. 可负担性要求出现在 1999 年 3 月 12 日修订过的合同展示文件 D-2 中, http://www.pdc.us/Libraries/Document_Library/Hoyt_St_Property_Agreement_pdf.sflb.ashx.

6. Ed Langlois, "Portland Organizing Project Seeks to Broaden Its Baseof Influence, Concern," *Catholic Sentinel*, Feb. 12, 1999, http://www.catholicsentinel.org/main.asp?SectionID=2&SubSectionID=35&ArticleID=3562.

7. 开发商霍默·威廉姆斯（Homer Williams）说，他和其他人担心，在贾米森广场放置石块和台阶会把这座公园变成吸引滑板少年的一块磁石。为了避免这个情况，景观建筑师彼得·沃克（Peter Walker）加入了流水，达到了意想不到的效果，这个公园变成了一处繁忙的儿童游戏区。见 Peter Korn, "Oops!," *Portland Tribune*, Oct. 29, 2008, http://portlandtribune.com/component/content/article?id=77203.

8. Charles Kelley, "Building Equity with the Creative Class in Portland and Orlando," presentation to the American Planning Association, Phoenix,AZ, Mar. 29, 2016,https://www.dropbox.com/s/fy4e8rq0iog1o1x/APA_Innovation%20Presentation_3.29.16.pptx?dl=0. 对于增加的密度的另一个评价，见 Randy Gragg, "Reflecting on the Past, Present, and Future of Portland's Pearl District,"

Portland Monthly, Oct. 5,2015,http://www.pdxmonthly.com/articles/2015/10/5/past-present-and-future-of-portlands-pearl-district.

9. ECONorthwest, "Technical Memo—Portland Streetcar Development Impact Study," Aug. 4, 2015, pp. 1, 5, 6. See alsohttps://storage.googleapis.com/streetcar/files/Infographic-1-Final.pdf.

10. "Tumblin' Down: Lovejoy Viaduct a Casualty of Progress," *Daily Journal of Commerce*, Aug. 19, 1999,http://djcoregon.com/news/1999/08/19/tumblin-down-lovejoy-viaduct-a-casualty-of-progress/.

11. 在其中一座仓库建筑中，一个不惜花大价钱的现代主义设计在下文中被提及，Randy Gragg, "Drawn to Perfection: A Townhouse Rehab Fuses Bold Design and Precise Workmanship," *The Oregonian*, May 1, 2003,pp. 1, 20 - 29, http://www.fhzal.com/works/010402/gragg-030501.asp.

12. Gragg, "Reflecting."

13. Brad Schmidt, "Hoyt Street Properties Fails to Deliver Enough Affordable Housing under Portland's Pearl District Development Deal," *The Oregonian*, Aug. 20, 2014,http://www.oregonlive.com/portland/index.ssf/2014/08/hoyt_street_properties_fails_t.html.

14. Jon Bell, " 'Deeply Affordable' Housing Project Set to Rise in the Pearl," *Portland Business Journal*, Oct. 14, 2015, http://www.bizjournals.com/portland/blog/real-estate-daily/2015/10/deeply-affordable-housing-project-set-to-rise-in.html. 这个项目后来进行了修改。

15. Janie Har, "Is 20 Percent of Housing in Portland's Pearl District Really Affordable?" *PolitiFact Oregon*, Nov. 18, 2011,http://www.politifact.com/oregon/

statements/2011/nov/18/tom-hughes/20-percent-housing-portlands-pearl-district-really/.

16. Denis C. Theriault, "Landmark Housing Bill Wins Final Approval from Oregon Legislature," *The Oregonian*, Mar. 3, 2016, http://www.oregonlive.com/politics/index.ssf/2016/03/affordable_housing_mandates_wi.html.See also Luke Hammill, "Portland Signals Support for New Construction Excise Tax," *The Oregonian*, June 16, 2016,http://www.oregonlive.com/portland/index.ssf/2016/06/portland_signals_support_for_n.html.

17. Andrew Theen, "Portland's $258.4 Million Housing Bond Wins (Election Results)," *The Oregonian*, Nov. 8, 2016, http://www.oregonlive.com/politics/index.ssf/2016/11/portlands_2584_million_housing.html. 也见 Bruce Stephenson, "$258 Million Affordable Housing Bond Will Be a Test for Portland (Opinion)," *Oregon Live*, July 5, 2016, http://www.oregonlive.com/opinion/index.ssf/2016/07/258_million_affordable_housing.html.

18. "Pearl Lofts, Portland, Oregon," *Urban Land Institute Project Reference File* 26, no. 6 (Apr. – June 1996).

19. 2015 和 2016 年，史蒂芬森（Stephenson）推出了一个生动的博客。该博客仔细研究了珍珠区的方方面面；见 "Living New Urbanism: Stepping into Sustainability,http://livingnewurbanism.blogspot.com/search?updated-min=2015-01-01T00:00:00-08:00&updated-max=2016-01-01T00:00:00-08:00&max-results=19.

20. Iain MacKenzie, "Going Tall: New Projects Complete the North Pearl District," *Portland Architecture* blog, http://chatterbox.typepad.com/

portlandarchitecture/2015/10/going-tall-new-projects-complete-the-north-pearl-district.html.

21. Michael Mehaffy, "Has Portland Lost Its Way?" *Planetizen*, May 25, 2016,http://www.planetizen.com/node/86508/has-portland-lost-its-way.

22. Michael Mehaffy, "5 Key Themes Emerging from the 'New Science of Cities,' " *CityLab*, Sept. 19, 2014, http://www.citylab.com/design/2014/09/5-key-themes-emerging-from-the-new-science-of-cities/380233/.

第 6 章

1. Marilyn Avery, "The Placemaker," *Progressive Architecture*, June 1995, p.106, http://www.cottondistrictms.com/progressive-architecture/.

2. Quote about "unwise location" is from Dan Camp, "History of the Cotton District," posted on the Cotton District website, http://www.cottondistrictms.com/history-of-cd/, and accessed Oct. 4, 2016.

3. Avery, "The Placemaker," p. 108.

4. Victor Dover, "Dan Camp's Cotton District," *Council Report III*, Congress for New Urbanism, 2003, p. 8, https://www.cnu.org/sites/default/files/Council%20Report%20III%20and%20IV_HR.pdf. In *Council Report III*, see also Dan Camp, "A Renewal of a Mississippi Neighborhood," p. 6;Kevin Klinkenberg, "Dan Camp and the Cotton District," p. 9; and Brian Herrmann, "Psychosociology of the Cotton District," pp. 9, 38.

5. Dover, "Dan Camp's Cotton District."

6. Carl Smith, "Form-Based Codes Guiding Numerous Urban

Developments," *Commercial Dispatch*, Nov. 3, 2015, http://www.cdispatch.com/news/article.asp?aid=45975.

7. 早在 1994 年，布拉德·杰尔曼（Brad German）在 "Dateline Mississippi—Dan Camp's Slum Renewal Project in Starkville, Mississippi" (*Builder*, May 1994) 一文中声称，"在一个受到严格监管的市场中，坎普生存下来将会非常困难"；见 http://www.cottondistrictms.com/dateline-mississippi/.

8. 该精简城市主义项目由跨部门应用研究中心管理，并接受约翰·S. 和詹姆士·L. 奈特基金会（John S. and James L. Knight Foundation）和克雷斯格基金会（Kresge Foundation）提供的资助。见 http://leanurbanism.org/about/.

9. 见 Anthony Flint, "Why Andres Duany Is So Focused on Making 'Lean Urbanism' a Thing," *CityLab*, Mar. 14, 2014, http://www.citylab.com/design/2014/03/why-andres-duany-so-focused-making-lean-urbanism-thing/8635/.

10. Flint, "Why Andres Duany Is So Focused."

结论

1. Carl Abbott, "The Oregon Planning Style," in P*lanning the Oregon Way: A Twenty-Year Evaluation*, edited by Carl Abbott, Deborah A. Howe, and Sy Adler (Corvallis: Oregon State University Press, 1994), pp. 206 - 8,http://pdxscholar.library.pdx.edu/cgi/viewcontent.cgi?article=1049&context=usp_fac.

2. Norman Runnion, "London, Paris, New York . . . Brattleboro," *Vermont Magazine*, Sept. - Oct. 1990, p. 44.

3. John McKnight and Peter Block, *The Abundant Community: Awakening the*

Power of Families and Neighborhoods (Oakland, CA: Berrett-Koehler, 2012), pp. 18, 71‑72.

4. 史蒂文·里德·约翰逊（Steven Reed Johnson）、妇女选民联盟（League of Women Voters）以及其他关于波特兰邻里系统和邻里参与办公室的研究在下面网站上可以查找到：https://www.portlandoregon.gov/oni/38596.

5. Steven Reed Johnson, "The Myth and Reality of Portland," in *The Portland Edge*, edited by Connie P. Ozawa (Washington, DC: Island Press, 2004), p.116.

6. Brooke Jarvis, "Building the World We Want: Interview with Mark Lakeman," *YES! Magazine*, May 12, 2010,http://www.yesmagazine.org/happiness/building-the-world-we-want-interview-with-mark-lakeman.

7. Alyse Nelson and Tim Shuck, "City Repair Project Case Study," Universityof Washington, 2005, http://courses.washington.edu/activism/cityrepair.htm.

8. Mike Lydon and Anthony Garcia, *Tactical Urbanism: Short-Term Action for Long-Term Change* (Washington, DC: Island Press, 2015), p. xxi.

9. Inga Saffron, "Phila.'s New Gem: A Stroll on the Schuylkill," *Philadelphia Inquirer*, Sept. 29, 2014, http://articles.philly.com/2014-09-29/news/54404594_1_high-line-south-street-bridge-south-philadelphia.

10. Donald Appleyard, *Livable Streets* (Berkeley: University of California Press,1981).

11. Barbara McCann, *Completing Our Streets: The Transition to Safe and Inclusive Transportation Networks* (Washington, DC: Island Press, 2013), p. 25.

12. 研究发现，出于安全考虑，女性比男性更不喜欢在机动车道或其附近骑自行车。女性倾向于选择专用"自行车道"（一种自行车路线，与机动车道完全分离，与人行道又不同），或者那些不设在街道上的自行车道。中国广泛的自行车专用道系统很受女性欢迎。见 J. Garrard, G. Rose, and S. K. Lo, "Promoting Transportation Cycling for Women: The Role of Bicycle Infrastructure," *Preventive Medicine* 1, no.46 (2008): 55‐59http://www.ncbi.nlm.nih.gov/pubmed/17698185; and A. Lusk, X. Wen, and L. Zhou, "Gender and Used/Preferred Differences of Bicycle Routes, Parking, Intersection Signals, and Bicycle Type: Professional Middle Class Preferences in Hangzhou, China," *Journal of Transport and Health* 1 (2014): 124‐33,http://www.sciencedirect.com/science/article/pii/S2214140514000334.

13. Executive Summary, "Portland's Neighborhood Greenways Assessment Report," 2015, https://www.portlandoregon.gov/transportation/article/542725.

14. "You Are Here: A Snapshot of How the Portland Region Gets Around," *Metro News*, Apr. 18, 2016, http://www.oregonmetro.gov/news/you‐are‐here‐snapshot‐how‐portland‐region‐gets‐around.

15. 见 Arthur C. Nelson, Gail Meakins, Deanne Weber, ShyamKannan, and Reid Ewing, "The Tragedy of Unmet Demand for Walking and Biking," *Urban Lawyer* 45, no. 3 (Summer 2013): 615‐30.

16. 有效区位的按揭贷款肇始于 1995 年，由邻里技术中心（Center for Neighborhood Technology，CNT）、自然资源保护委员会（Natural Resources Defense Council）和地面运输政策项目（Surface Transportation Policy Project）领导的一项研究计划创立。2000 年至 2006 年期间，大约有 2 000 宗这样的按揭贷款被批出来，这批贷款最后都没有丧失抵押品赎回权。这类按揭贷款在 2008 年全球金融危机后停止发放。2016 年 11 月，就职于"邻里技术中心"（CNT）的斯科特·伯恩斯坦（Scott Bernstein）说，某种形式的有效区位贷款可能很快就会被重新引入。见 http://www.cnt.org/projects/rethinking‐

mortgages.

17. Lei Ding, Jackelyn Hwang, and Eileen Divringi, "Gentrification and Residential Mobility in Philadelphia," Federal Reserve Bank of Philadelphia,Dec. 2015, p. 25, https://www.philadelphiafed.org/community–development/publications/discussion–papers. See also Tanvi Misra, "Gentrification Is Not Philly's Biggest Problem," *CityLab*, May 20, 2016, http://www.citylab.com/housing/2016/05/gentrification–is–not–phillys–biggest–problem/483656/.

18. Daniel Hertz, "What's Really Going On in Gentrifying Neighborhoods?" *City Observatory*, Oct. 28, 2015, http://cityobservatory.org/whats–really–going–on–in–gentrifying–neighborhoods/.

19. Hertz, "What's Really Going On."

20. Arthur C. Nelson, *Reshaping Metropolitan America: Development Trends and Opportunities to 2o3o* (Washington, DC: Island Press, 2013), pp. 3,36.

21. Jennifer Hurley, "A Smart Growth Approach to Affordable Housing," Coruway Film Institute, presentation in Portsmouth, NH, Jan. 28, 2016,https://www.youtube.com/watch?v=hagol16v8Ao.

22. Opticos Design, "Missing Middle: Responding to the Demand for Walkable Urban Living," http://missingmiddlehousing.com.

23. "City of Somerville, MA and LOCUS Release Results and Next Steps of Program to Balance Economic Growth and Social Equity in Union Square," Smart Growth America, May 3, 2016, http://www.smartgrowthamerica.org/2016/05/03/city–of–somerville–ma–and–locus–release–results–and–next–steps–of–program–to–balance–economic–growth–and–social–equity–in–union–square/.

24. McKnight and Block, *The Abundant Community*, p. 108.

25. McKnight and Block, *The Abundant Community*, p. 98.